NATIONAL GEOGRAPHIC

PHOTO ARK

JOEL SARTORE

SCHUTZ FÜR DIE LETZTEN IHRER ART

# Arche der Tiere

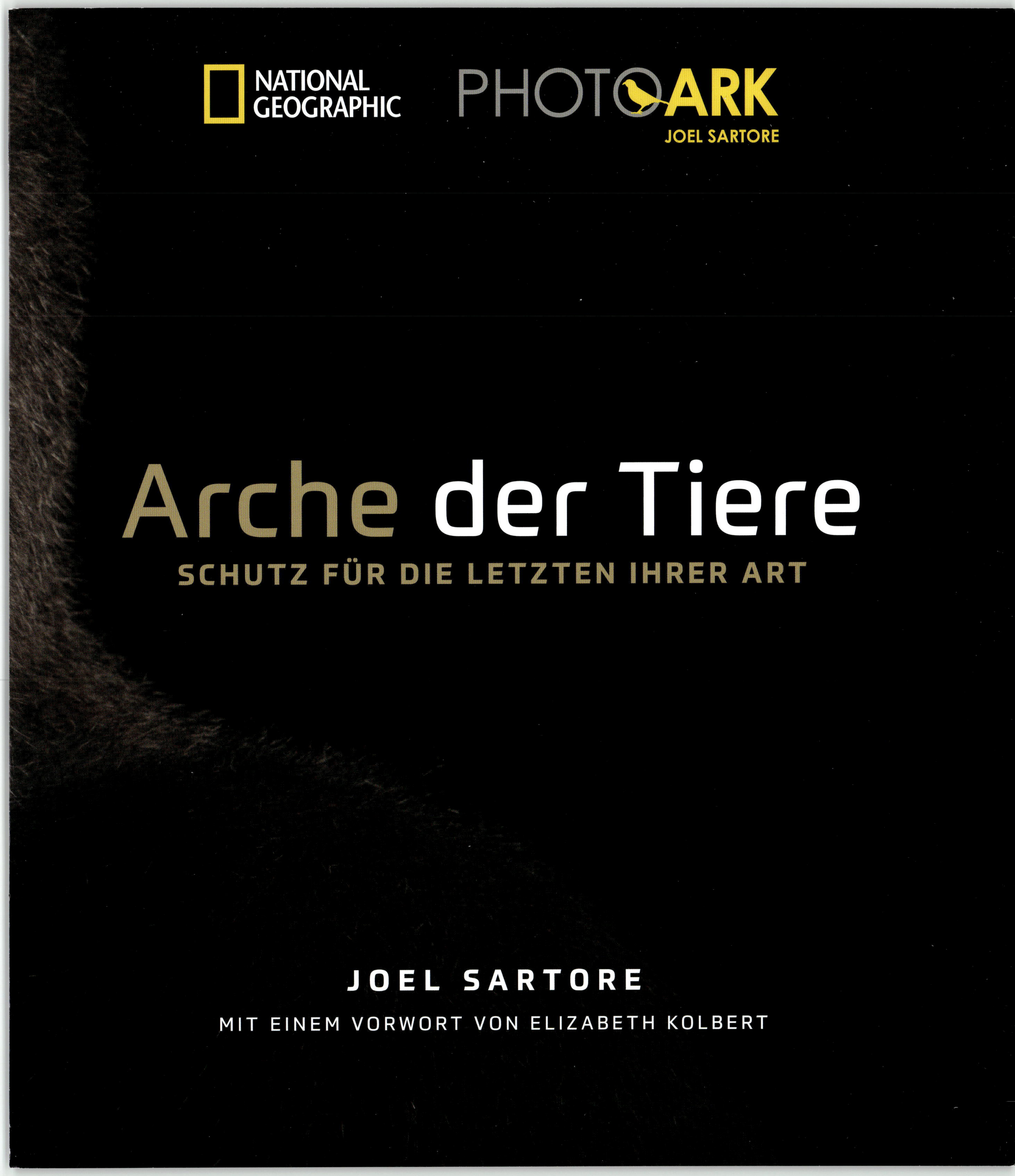

NATIONAL GEOGRAPHIC

PHOTO ARK
JOEL SARTORE

# Arche der Tiere

## SCHUTZ FÜR DIE LETZTEN IHRER ART

JOEL SARTORE

MIT EINEM VORWORT VON ELIZABETH KOLBERT

# INHALT

VORWORT VON ELIZABETH KOLBERT 6
EINFÜHRUNG VON JOEL SARTORE 16
ÜBER DIE ROTE LISTE DER IUCN – BAROMETER DES LEBENS 24

PROLOG 26
GEISTER

KAPITEL EINS 50
VERLUST

KAPITEL ZWEI 146
BEDROHUNG

KAPITEL DREI 254
RISIKO

ÜBER DAS PROJEKT PHOTO ARK 384 | MAKING-OFF 385
ÜBER DEN AUTOR 386 | HELDEN DES ARTENSCHUTZES 388
MITWIRKENDE AN DIESEM BUCH 390 | PHOTO ARK EDGE FELLOWS 391
VERZEICHNIS DER TIERE 392

# VORWORT | ELIZABETH KOLBERT

Lebten wir in einer gewöhnlichen Ära – wobei ich Zeit hier im gemächlichen Sinn eines geologischen Zeitraums verstehe –, wäre es beinahe unmöglich, eine Art schwinden zu sehen. Ein solches Ereignis wäre viel zu selten, als dass man es miterleben könnte. Durch die Betrachtung von Fossilien einer bestimmten Gruppe von Tieren lässt sich eine Quote des Hintergrundsterbens berechnen. Im Fall der Säugetiere ist die Relation (normales Aussterben über einen gewissen Zeitraum) so niedrig, dass im Laufe eines Jahrtausends nur eine einzige Spezies verschwinden sollte.

Allerdings leben wir nicht in einer gewöhnlichen Zeit. Wohin wir auch blicken: Überall sterben Arten aus. Allein in den vergangenen zehn Jahren wurden drei Säugetierarten für ausgestorben erklärt: Saudi-Gazellen, Weihnachtsinsel-Zwergfledermäuse und Bramble-Cay-Mosaikschwanzratten. Doch damit nicht genug: Die International Union for Conservation of Nature (IUCN) listet derzeit über 200 Säugetierarten und -unterarten als vom Aussterben bedroht. In manchen Fällen, etwa beim Sumatra-Nashorn oder beim Vaquita, einer Schweinswalart, gibt es inzwischen weniger als 100 Vertreter ihrer Art. Bei anderen, wie dem Baiji, dem Chinesischen Flussdelfin, ist die Spezies zwar noch nicht offiziell für ausgestorben erklärt, kommt de facto aber so gut wie nicht mehr vor.

Und was für Säugetiere gilt, betrifft leider auch fast jede andere erdenkliche Art: Reptilien, Amphibien, Fische, sogar Insekten. Die Aussterberaten sind heute hundert-, wenn nicht gar tausendfach höher als das normale Hintergrundsterben – so hoch, dass Wissenschaftler glauben, wir stünden an der Schwelle eines neuen »Massenaussterbens«. Die letzte Massenextinktion, die vor rund 66 Millionen Jahren die Dinosaurier ausgelöscht hat, erfolgte aufgrund eines Asteroideneinschlags. Die Gründe für unsere heutige Situation scheinen diffuser. Sicherlich, eine Rolle spielen Waldrodung, Wilderei, eingeschleppte Krankheitserreger, Klimawandel, Überfischung und die Versauerung der Meere. Schaut man genauer hin, führt die Spur immer zum selben Schuldigen. Der US-amerikanische Naturforscher E.O. Wilson sagt: »Wir Menschen sind die erste Spezies, die zur geophysikalischen Kraft wurde.« Und viele Wissenschaftler sprechen von einer neuen geologischen Epoche: dem Anthropozän, dem Zeitalter des Menschen. Dieses Mal sind dementsprechend wir der Asteroid.

Was verlieren wir Menschen, wenn eine Art ausstirbt? Man kann eine Spezies, ob es sich dabei nun um einen Menschenaffen oder eine Ameise handelt, immer auch als Lösung des Rätsels betrachten: Wie bestreiten Lebewesen ihre Existenz auf dem Planeten Erde? In diesem Sinne ist jede Spezies eine Art

**SEITE 1:** Kaiseramazone, *Amazona imperialis* (stark gefährdet)
**SEITEN 2–3:** Westlicher Flachlandgorilla, *Gorilla gorilla gorilla* (vom Aussterben bedroht)
**VORIGE DOPPELSEITE:** Cagles Höckerschildkröte, *Graptemys caglei* (stark gefährdet)
**LINKS:** Goldlangur, *Trachypithecus geei* (stark gefährdet)

Sehuencas-Wasserfrösche,
*Telmatobius yuracare* (gefährdet)

Mehr als zehn Jahre lang glaubte man, Romeo (links) sei der Letzte seiner Art. Doch während einer Expedition Ende 2018 entdeckten Wissenschaftler weitere fünf Exemplare der Wasserfroschart in freier Wildbahn, die auf eine Zukunft der Spezies hoffen lassen. Romeos Partnerin Juliet ist unten im Bild zu sehen.

Gebrauchsanweisung für das Leben. Wir verwüsten also gerade die Bibliothek des Lebens. Wilson nennt das vor uns liegende Zeitalter Eremozoikum, das Zeitalter der Einsamkeit.

Seit nunmehr 15 Jahren fotografiert Joel Sartore Tiere in menschlicher Obhut. Immer häufiger gehören Tiere aus Zoos oder speziellen Zuchteinrichtungen zu den letzten verbleibenden Vertretern ihrer Art – manchmal sind sie gar die einzigen. Toughie, ein Rabbs Fransenzehen-Laubfrosch aus Zentralpanama, lebte im Botanischen Garten von Atlanta. Als eine Pilzerkrankung in seinem Habitat wütete und ein Nachzuchtprogramm scheiterte, war Toughie plötzlich der letzte bekannte Rabbs Fransenzehen-Laubfrosch. Er starb 2016 und mit ihm vermutlich seine gesamte Spezies.

Auch Romeo aus dem Cochabamba Natural History Museum (Bolivien) galt lange als einziger Überlebender seiner Art. Für ihn erstellten die dortigen Wissenschaftler ein Online-Dating-Profil, das mit einer Spendenseite verlinkt war. Und auf dieser gingen tatsächlich 25000 US-Dollar Spenden ein, mit denen eine Expedition in die östlichen Anden, das einstige Verbreitungsgebiet der Art, finanziert wurde. Überraschenderweise fand man auf dieser Expedition fünf weitere Exemplare, zwei Männchen und drei Weibchen, nur eines davon geschlechtsreif (Juliet). Ob Romeo und Juliet es in Bolivien schaffen, ihre Spezies vor dem Aussterben zu bewahren, ist ungewiss. Denn selbst wenn sie sich fortpflanzen, bleibt das Schicksal der Art auf Messers Schneide.

War denn der Rabbs Fransenzehen-Laubfrosch schön? Nicht im herkömmlichen Sinne, also nicht so schön wie vielleicht der Spix-Ara (er gilt als in der Natur ausgestorben) oder der stark gefährdete Goldlangur. Dennoch hatte der Frosch mit den ausdrucksvollen schwarzen Augen und den schlaksigen Gliedmaßen seinen ganz eigenen Charme.

Sartore behandelt alle Geschöpfe – ob auffallend schön oder unscheinbar – mit Respekt. Mit seinen Fotos fängt er die Einzigartigkeit, ich möchte sogar sagen: Seelenhaftigkeit, jeder Kreatur ein. Eines meiner Lieblingsbilder ist das einer Partula-Schnecke, die eine Schleimspur hinterlässt. Früher gab es im Südpazifik Dutzende von Partula-Arten, die verschiedene ökologische Nischen besetzten. Wie die Darwinfinken waren sie die Lieblinge der Evolutionsbiologen – Demonstrationen der Macht der natürlichen Auslese. Nach Einführung von invasiven Schnecken aus Mittelamerika haben nur wenige Partula-Arten überlebt, nur dank eines Zuchtprogramms in Gefangenschaft.

Durch Sartores so wichtige Arbeit wird uns wieder bewusst, wie einzigartig jede einzelne Art ist. Wir leben in einer außergewöhnlichen Zeit. Wenn wir das erkennen, können wir vielleicht auch etwas Außergewöhnliches daraus machen: Beginnen wir eine Zeit, die, so gut das heute noch möglich ist, die wundervolle Vielfalt des Lebens erhält. ■

**RECHTS:** Brillenpinguin, *Spheniscus demersus* (stark gefährdet)

## JAHRZEHNT DER AUSROTTUNG DURCH JAGD

# 1940

Berberlöwe, *Panthera leo leo* (gefährdet)

Löwen waren in Nordafrika einst weitverbreitet, doch wurden sie so stark bejagt, dass es sie heute in dieser Region in freier Wildbahn nicht mehr gibt. In Subsahara-Afrika haben die Großkatzen überlebt, sind aber noch immer durch Bejagung und den Verlust des Lebensraums gefährdet.

Springbarsch-Art,
*Etheostoma boschungi* (stark gefährdet)

Der kleine Fisch ist in den Flüssen in ganz Tennessee und Alabama heimisch. Landwirtschaft und Landentwicklung haben jedoch zum Austrocknen vieler dieser Flüsse geführt oder sie so verschmutzt, dass der Fisch in ihnen nicht mehr leben kann.

# EINFÜHRUNG | JOEL SARTORE

Im Herbst 2018 fuhr ich quer durch die Tschechische Republik zum Safari Park Dvůr Králové. Die Landschaft schien einer anderen Zeit entsprungen: ordentliche Steindörfer und gepflegte Bauernhöfe, in denen man sich um jeden Quadratzentimeter kümmerte. Mitunter legten sich graue Wolken über die sanften Hügel und ich musste mit eingeschalteten Scheinwerfern fahren. Es schien niemand außer mir auf den Straßen unterwegs zu sein. Das Wetter passte perfekt zu meinem Vorhaben: Ich war auf dem Weg zum Leichnam von Nabire, einem der letzten Nördlichen Breitmaulnashörner.

Drei Jahre zuvor hatte ich sie im Zoo fotografiert, lebendig; damals hatte es auf der ganzen Welt nur noch fünf Vertreter ihrer Art gegeben. Und auch damals schon war ihre Zeit beinahe abgelaufen. Sie war zu alt gewesen, als dass die Tierärzte die großen, mit Flüssigkeit gefüllten Zysten in ihrem Körper hätten entfernen können, ihre Lebenserwartung war gering.

Ein Tierpfleger, der Nabire von kleinauf kannte, hatte sie mittels ihres Lieblingsgemüses in eine Box gelockt, die wir mit schwarzem Samt ausgekleidet hatten. Sie war unglaublich freundlich und geduldig, wir durften sogar ihr Horn durch die Gitterstäbe berühren. Danach hielt sie ein Nickerchen. Nur eine Woche später platzte eine ihrer Zysten und Nabire verstarb.

**LINKS:** Nördliches Breitmaulnashorn, *Ceratotherium simum cottoni* (vom Aussterben bedroht)

An all das musste ich denken, als ich an diesem Nachmittag auf das prächtige alte Zoomuseum zufuhr. Es wurde schon dunkel, die Besucher waren längst gegangen. Ich hatte Angst vor dem, was mich erwartete. Das letzte Mal ging es mir so, als ich auf dem Weg zu meiner aufgebahrten Mutter war.

Ich ging hinein, bog um eine Ecke – und da stand sie, oder wenigstens ihr Körper, wie ein Tierpräparator ihn interpretiert hatte. Die Falten in ihrem Gesicht hatte er fast alle geglättet, ihre Augen waren aus Glas. Eine schmale Kette, die Besucher davon abhalten sollte, sie anzufassen, kam mir vor wie eine Gehegeeingrenzung. Ironischerweise war sie von idyllischen Gemälden umgeben, die von der Entstehung des Lebens auf Erden erzählten.

Ich setzte mich in einen angrenzenden Raum, von dem aus ich sie durch eine Tür sehen konnte. Tränen stiegen mir in die Augen.

Trotz all der Arbeit, der Zuchtprogramme, der Reportagen und der schlaflosen Nächte derjenigen, denen es nicht egal ist, endet es immer so. Hier hat das Aussterben Gestalt angenommen: in Form einer ausgestopften Tierhaut in einem Museum.

Während ich dies schreibe, gibt es nur noch zwei Nördliche Breitmaulnashörner, Mutter und Tochter, in einem Gehege in Kenia, nur noch einen Schritt von ihrer Auslöschung entfernt. Zwei Weibchen und die Letzten ihrer Art. Wir können von Glück sagen, dass wir Nördliche Breitmaulnashörner überhaupt noch lebendig gesehen haben.

Sie sind nicht die Einzigen, die dieses Schicksal erleiden. Im Laufe der Jahre bin ich vielen Tieren begegnet, deren Zeit abgelaufen oder fast abgelaufen war, Frösche und Vögel, Primaten und Wirbellose gleichermaßen. Was tun wir diesem Planeten an, dass sogar Insekten verschwinden?

Sollten wir nicht wenigstens kurz darüber nachdenken, bevor wir uns von der nächsten Innovation ablenken lassen? Schließlich hängt auch unser Überleben davon ab.

Die Natur braucht uns nicht – für die meisten eine Neuigkeit. Die Erde wird sich jedoch weiterdrehen, egal was passiert. Umgekehrt brauchen wir die Natur durchaus, und zwar aus einer Million unterschiedlicher Gründe. Wir brauchen konstante Niederschläge, in der richtigen Menge und zur richtigen Zeit, damit die Ernte erfolgreich wird. Wir brauchen Eiskappen an den Polen zur Regulierung der Temperatur. Wir brauchen gesunde Wälder und Ozeane, die den Sauerstoff erzeugen, den wir atmen. Wir brauchen bestäubende Insekten, wenn wir Früchte und Gemüse ernten wollen. Die Lösung ist einfach, aber keineswegs leicht zu bewerkstelligen: Wir müssen großflächig Lebensraum erhalten, und zwar jetzt.

Doch in dieser Zeit der Glamournews und Selfies, werden wir da rechtzeitig aufwachen, um uns selbst zu retten? Oder werden wir bis zum bitteren Ende in unsere Smartphones grinsen? Dies ist eine der wichtigsten Fragen unserer Zeit, und sie beschäftigt mich bei meiner Arbeit an der Photo Ark täglich.

Nabires Schicksal ist nur ein Beispiel von vielen. Die Pfleger haben ein Bewusstsein dafür, wenn es schlecht um eine ganze Spezies steht. Wie ein langjähriger Familienarzt nehmen sie mich beiseite und flüstern: »Gut, dass Sie es noch rechtzeitig geschafft haben.«

Sehe ich einem Tier, das als letztes seiner Art gilt, in die Augen, überkommt mich ein furchtbares, deprimierendes Gefühl. Hier geht etwas Gewaltiges vor sich, etwas Unumkehrbares. Der Verlust eines Tigers und der eines Spatzen sind gleichermaßen tragisch. Wie können wir andere überzeugen, dass es genau jetzt absolut notwendig ist, selbst die Geringsten unter uns, etwa ein Fröschlein samt Habitat, zu retten?

Die Weltbevölkerung wird ansteigen, bis auf etwa zehn oder elf Milliarden im Jahr 2100. Und während wir Menschen uns immer weiter ausdehnen, verwandeln wir Dschungel, Feuchtgebiete, Tundren, Prärien und alles andere in Farmen, Fabriken, Straßen und Städte. Von der aktuellen Säugetierbiomasse leben weniger als zehn Prozent in freier Wildbahn.

Ohne ihren natürlichen Lebensraum können die meisten wilden Tiere nicht überleben. Sicher, Kojoten und Eichhörnchen, Krähen und Stare wird es immer geben, die Generalisten, die per Anpassung an den Menschen gedeihen. Doch die Spezialisten, die sich ausschließlich von bestimmten Pflanzen ernähren oder ihre Jungen an einem bestimmten Ort zu einer bestimmten Zeit großziehen, haben es schwer, wenn diese spezifischen Lebensumstände verschwinden.

Genau jetzt ist jedoch der richtige Zeitpunkt für die Rettung unseres Planeten. Nicht nur, weil so viele Arten und Lebensräume in Gefahr sind, sondern auch, weil das Internet uns Menschen eines schenkte: neue Kommunikationsmöglichkeiten. Wir können die Welt im Handumdrehen wissen lassen, wie es um sie steht. Deckt man einen Mangel auf, finden sich immer

Menschen, die dagegen angehen wollen. Das erfüllt mich mit großer Hoffnung.

Bei jeder Photo-Ark-Reise treffe ich auf Menschen, die sich als Helden des Natur- und Artenschutzes erweisen. Sie arbeiten unerlässlich am Schutz von Spezies und Lebensräumen; sie gewinnen Zeit, bis auch die Gesellschaft begriffen hat, dass unsere Zukunft mit der aller Lebewesen eng verknüpft ist. Sie tun, was sie können, auch in diesem Augenblick, um die Vielfalt des Lebens zu erhalten.

Und wie steht es mit Ihnen? Raffen Sie sich auf? Werden Sie sich informieren, was Sie konkret tun können, und das dann umsetzen? Vielleicht bringen Sie Ihre Gemeinde dazu, in öffentlichen Parks und an Straßenrändern mehr einheimische Pflanzen für Bestäuber anzubauen. Selbstverständlich ohne Einsatz von Chemikalien. Es gibt vieles, was Sie tun können: Ihr Haus besser isolieren, damit weniger fossile Brennstoffe für die Heizung verbraucht werden. Weniger Fleisch essen und damit den Verbrauch von Kohlenstoff, Chemikalien und Wasser verringern, der mit Nutztierhaltung verbunden ist. Gebrauchsgegenstände mehrmals verwenden und recyceln. Es gibt unendlich viele Möglichkeiten.

Ich nutze die Photo Ark, um zu tun, was in meiner Macht steht. JETZT. Und ich lade Sie ein, mich dabei zu begleiten.

**OBEN:** So ist Nabire heute zu sehen, im Museum des Safari Park Dvůr Králové in der Tschechischen Republik.

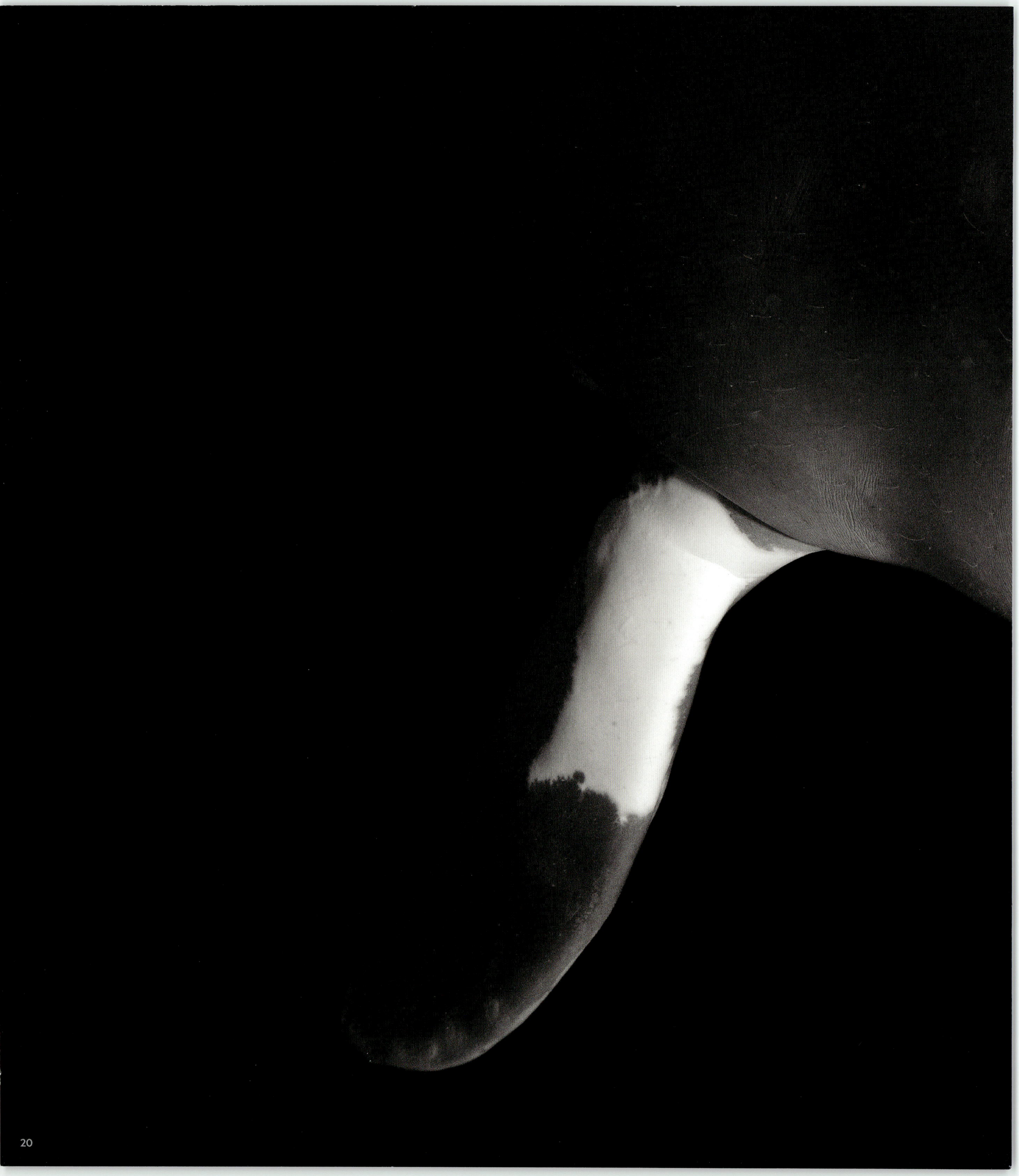

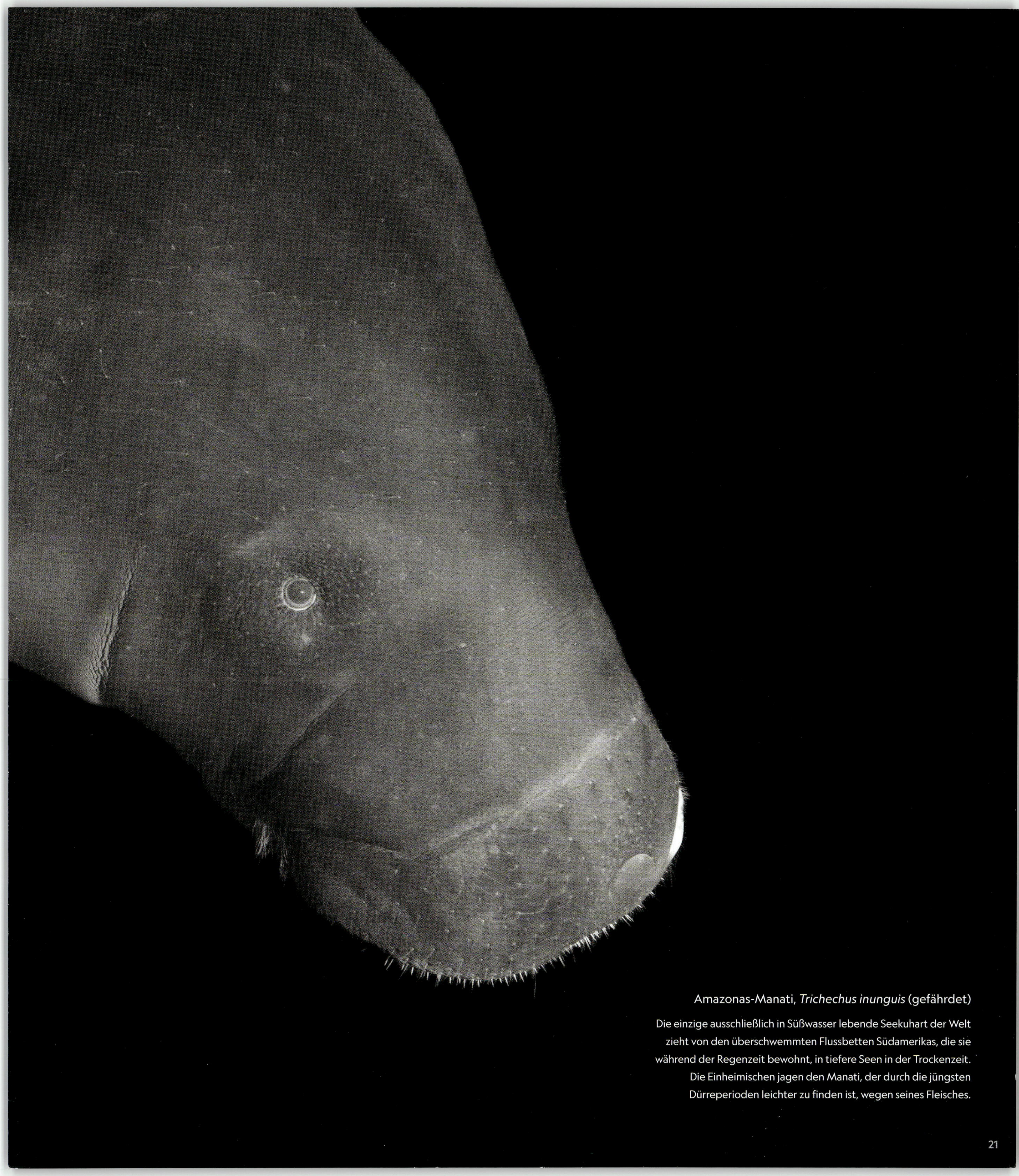

Amazonas-Manati, *Trichechus inunguis* (gefährdet)

Die einzige ausschließlich in Süßwasser lebende Seekuhart der Welt zieht von den überschwemmten Flussbetten Südamerikas, die sie während der Regenzeit bewohnt, in tiefere Seen in der Trockenzeit. Die Einheimischen jagen den Manati, der durch die jüngsten Dürreperioden leichter zu finden ist, wegen seines Fleisches.

Malaiisches Schuppentier, *Manis javanica*
(vom Aussterben bedroht)

Von den acht existierenden Schuppentierarten bewohnt die malaiische Unterart den in ganz Südostasien fragmentiertesten Lebensraum. Schuppentiere verfügen über bis zu 1000 Schuppen, die in der Volksmedizin für eine Reihe von Beschwerden als heilsam gelten (nachgewiesenermaßen fälschlicherweise).

UNGEFÄHRE ANZAHL DER MALAIISCHEN SCHUPPENTIERE, DIE 1975–2011 ILLEGALER JAGD ZUM OPFER FIELEN, FÜR IHREN ANGEBLICHEN MEDIZINISCHEN NUTZEN UND ZUM FLEISCHVERZEHR:

# 500 000

## ÜBER DIE ROTE LISTE DER IUCN
## BAROMETER DES LEBENS

Niemand weiß genau, wie viele Pflanzen- und Tierarten es auf unserem Planeten gibt. Knapp zwei Millionen Spezies haben Wissenschaftler benannt, doch die eigentliche Artenzahl liegt wohl eher zwischen sechs Millionen und zwei Milliarden. Die Biodiversität auf der Erde ist üppig, rätselhaft – und in Gefahr.

Während Biologen laufend neue Arten entdecken, versuchen sie gleichzeitig, in einem Wettlauf gegen die Zeit entscheidende Fragen zu den Tieren, die wir seit Jahrzehnten, manchmal sogar seit Jahrhunderten kennen, zu beantworten. Wie leben diese Geschöpfe? Was bedroht sie in ihrer Existenz? Und wie können wir diejenigen retten, die allmählich verschwinden?

Die International Union for Conservation of Nature (IUCN) stellt hinsichtlich dieser Fragen die globale Autorität dar. Seit 1964 arbeiten Forscher an einer massiven Bestandsaufnahme aller Kreaturen der Erde, indem sie das Aussterberisiko für annähernd 100 000 Spezies ermitteln. Die »Rote Liste bedrohter Tier- und Pflanzenarten«, so der kollektive Name dieser Bemühungen, zeichnet das weltweite Porträt der Biodiversität und bietet ein Instrument zur Messung zukünftiger Veränderungen der tierischen Populationsentwicklungen. Die erstaunlich tiefgehende Liste enthüllt eine äußerst beunruhigende Tatsache: Grob ein Viertel aller erfassten Arten – das sind mehr als 26 000 – ist vom Aussterben bedroht.

Die Rote Liste an sich ist komplex, ihr System aber durchaus simpel. Jede Art oder Unterart wird einer bestimmten Kategorie (siehe ganz rechts) zugeordnet. Kann eine Spezies nicht formell klassifiziert werden, weil zu wenig über sie bekannt ist, erhält sie den Zusatz »Data Deficient« (ungenügende Daten). Arten, die noch nicht zugeordnet sind, laufen unter »Not Evaluated« (nicht beurteilt). Letzterer Kategorie gehören vermutlich Zigtausende Spezies an.

Die Rote Liste wächst, während weiter geforscht wird. Von fast allen Säugetieren, Vögeln und Amphibien gibt es mittlerweile Profile. Und jedes Jahr kommen neue Tiere hinzu, beispielsweise der Durrell's Night Gecko *(Nactus durrellorum)*, ein sensibles Reptil, das auf Mauritius endemisch (also nur dort beheimatet) ist. Viele andere Arten wurden neu bewertet, wobei sich den Wissenschaftlern gelegentlich auch ein Silberstreif am Horizont zeigt. Der Berggorilla etwa konnte dank gemeinsamer Artenschutzbemühungen 2018 aus der Kategorie »vom Aussterben bedroht« zurück auf »stark gefährdet« gestuft werden. Daneben gibt es aber auch ernüchternde Erkenntnisse, die mitunter offenbaren, dass ganze Gruppen von Spezies, darunter etwa die Zackenbarsche, ein weitaus größeres Aussterberisiko aufweisen, als bisher angenommen.

Die Rote Liste aber ist mehr als nur ein Quell wissenschaftlicher Erkenntnisse. Sie ist auch Grundlage der Kommunikation über Länder- und Kontinentsgrenzen hinweg. Ob Forscher, Regierungsbeamte, Umweltschützer, Journalisten oder Privatmenschen – sie alle sehen in der Roten Liste nach, wenn sie wissen wollen, wo bestimmte Tiere leben, wie viele es jeweils noch gibt, welches Habitat sie benötigen und welche Form des Umweltschutzes ihren Niedergang aufhalten könnte.

Die Angestellten der IUCN wollen die Rote Liste zu einem wahren Barometer des Lebens machen – zu einem Druckmesser, der dabei hilft, Lösungen zu finden und umzusetzen, Lösungen in einer Zeit, in der die Vielfalt des Lebens unter der menschlichen Knute leidet. Allerdings weist die Rote Liste noch immer große Lücken auf. Zigtausende Arten warten auf Klassifikation: Meeresbewohner, Süßwasserarten und Wirbellose – die größte Gruppe des Tierreichs – sind unterrepräsentiert. Zudem hinkt die Rote Liste wissenschaftlichen Erkenntnissen stets hinterher.

Doch die Arbeit geht unermüdlich weiter. Die IUCN hofft, das sie zum Jahr 2020 etwa 160 000 Arten in die Liste aufgenommen haben wird. Dann lässt sich noch viel besser ablesen, wie es um die Gesundheit unserer Pflanzen und Tiere bestellt ist. Derzeit haben wir nur eine vage Ahnung davon, was uns diese Liste noch alles offenbaren wird.

In diesem Buch ist bei jedem abgelichteten Tier die jeweilige IUCN-Klassifizierung angegeben, teilweise sogar in aktueller Absprache mit denjenigen Forschern, die sich momentan am intensivsten mit den jeweiligen Arten beschäftigen. Manchmal ist eine Unterart stärker bedroht als die dazugehörige Elternart; dann findet sich ein entsprechender Hinweis in der Bildunterschrift.

## IUCN-KLASSIFIZIERUNGEN

**EX** | EXTINCT | AUSGESTORBEN Alles weist darauf hin, dass das letzte Individuum dieser Spezies zweifellos gestorben ist.

**EW** | EXTINCT IN THE WILD | IN DER NATUR AUSGESTORBEN Vertreter dieser Art gibt es nur noch in menschlicher Obhut oder als wieder angesiedelte Population weit außerhalb ihres einstigen Verbreitungsgebiets.

**CR** | CRITICALLY ENDANGERED | VOM AUSSTERBEN BEDROHT Alles weist darauf hin, dass diese Art dem extrem hohen Risiko unterliegt, in der Natur auszusterben.

**EN** | ENDANGERED | STARK GEFÄHRDET Alles weist darauf hin, dass diese Art dem sehr hohen Risiko unterliegt, in der Natur auszusterben.

**VU** | VULNERABLE | GEFÄHRDET Alles weist darauf hin, dass diese Art dem hohen Risiko unterliegt, in der Natur auszusterben.

**NT** | NEAR THREATENED | POTENZIELL GEFÄHRDET Diese Art wurde in die Liste aufgenommen, obwohl sie derzeit keiner der oben genannten Kategorien angehört, was sich aber bald ändern könnte.

**LC** | LEAST CONCERN | NICHT GEFÄHRDET Diese Art wurde in die Liste aufgenommen und gehört derzeit keiner der oben genannten Kategorien an.

**DD** | DATA DEFICIENT | UNGENÜGENDE DATEN Über diese Art gibt es nicht genügend Informationen, um ihr Aussterberisiko einschätzen zu können.

**NE** | NOT EVALUATED | NICHT BEURTEILT Das Aussterberisiko dieser Art wurde noch nicht bestimmt.

PROLOG

# GEISTER

Galbraith
Pontchartrain
1886

Verborgen lebte der Rabbs Fransenzehen-Laubfrosch im dichten Baumkronendach des Nebelwalds in Zentralpanama; er gehörte zu den seltensten Amphibien der Welt. Seine speziellen Schwimmhäute ermöglichten es ihm, von Ast zu Ast zu hüpfen. Die Weibchen legten ihre Eier in mit Wasser gefüllten Astlöchern ab, die Männchen ließen den Nachwuchs zur Ernährung an ihrer Haut knabbern.

Besagtem Laubfrosch setzte schließlich eine verheerende Krankheit zu; obendrein beraubte ihn der Mensch seines Lebensraumes. Letztmalig vernahmen Wissenschaftler den Ruf des Frosches in freier Wildbahn Ende 2007, erst 2008 wurde die Art vollständig wissenschaftlich beschrieben. Nur ein Jahr später wurde der Frosch als vom Aussterben bedroht gelistet. Zuchtbemühungen in Gefangenschaft blieben erfolglos, und so starb der letzte bekannte Vertreter seiner Art (Toughie) 2016 im Botanischen Garten von Atlanta.

Augenzeuge eines Artensterbens zu werden, kann uns zutiefst verstören. Völlig verschwunden? Zu leuchtend blau ist das Gefieder des Spix-Aras, zu anmutig-kraftvoll der Südchinesische Tiger. Gibt es denn wirklich keinen von ihnen mehr? Schließlich aber müssen wir der Wahrheit ins Auge sehen: Das einst überaus lebendige Wesen ist nur noch ein Geist.

Mit sehr viel Glück können wir einige dieser Arten vom Abgrund zurückholen. So hat etwa der Davidshirsch in menschlicher Obhut überlebt; er kann eines Tages vielleicht wieder ausgewildert werden. Andere, darunter Columbia-Basin-Zwergkaninchen, leben in neuer Gestalt weiter – als Kreuzungen zwar, aber immerhin. Doch die traurige Wahrheit ist: Aussterben bedeutet das endgültige Verschwinden vom Erdboden. Bewahren wir also, was uns bleibt. ■

**VORIGE DOPPELSEITE:** Gelbstirn-Waldsänger, *Vermivora bachmanii* (vom Aussterben bedroht, wahrscheinlich bereits ausgestorben)
**LINKS:** Rabbs Fransenzehen-Laubfrosch, *Ecnomiohyla rabborum* (vom Aussterben bedroht, wahrscheinlich bereits ausgestorben)
**RECHTS:** Guamralle, *Hypotaenidia owstoni* (in der Natur ausgestorben)

STAND JANUAR 2019:

# 941

TIERARTEN WERDEN ALS AUSGESTORBEN/IN DER NATUR AUSGESTORBEN EINGESTUFT (IUCN, ROTE LISTE).

Ameca-Kärpfling, *Ameca splendens*
(in der Natur ausgestorben)

Einst kam der kleine Fisch im Ameca und seinen Zuflüssen im westlichen Mexiko häufig vor, heute findet man ihn fast nur noch im Aquaristikhandel. Eine kleine Population des Ameca-Kärpflings hat jedoch überlebt: kurioserweise in einem Teich auf dem Gelände eines Vergnügungsparks.

DAS LETZTE, NICHT GEKREUZTE INDIVIDUUM IN FREIER WILDBAHN STARB

# 2008

Columbia-Basin-Zwergkaninchen,
*Brachylagus idahoensis* (nicht gefährdet)

Der US-amerikanische Staat Washington war einst Heimat einer genetisch einzigartigen Subpopulation von Zwergkaninchen. Nach der Fragmentierung des Lebensraums und dramatisch sinkenden Populationszahlen wurde das Columbia-Basin-Zwergkaninchen im Jahr 2001 als stark gefährdet gelistet, auch Zuchtprogramme in Gefangenschaft waren wenig Erfolg versprechend. Durch Kreuzungen versucht man einige der einzigartigen genetischen Merkmale der Subpopulation zu bewahren; Bryn (links) allerdings ist das zweitletzte bekannte reinrassige Columbia-Basin-Zwergkaninchen.

Schmetterling aus der Gattung der Perlmutterfalter, *Speyeria adiaste atossa* (nicht beurteilt, wahrscheinlich ausgestorben)

Der Schmetterling mit den breiten Flügeln und der zarten schwarzen Zeichnung darauf kam in den Bergen Südkaliforniens einst häufig vor. Die Raupen der Perlmutterfalter haben sich, wie es bei vielen Falterarten der Fall ist, auf eine bestimmte Nahrungsquelle spezialisiert. Als man die Veilchen, von denen sie sich ernährten, für Immobilien rodete, verschwand der *Speyeria adiaste atossa*. Das letzte bekannte Exemplar der Spezies wurde 1959 gefangen.

„SCHON MAL EINEN GEIST GESEHEN? JETZT JA. DIESE FANTASTISCHEN VÖGEL, DEREN RUF EINST IN DEN WÄLDERN GUAMS WIDERHALLTE, WÄREN OHNE ZUCHTPROGRAMME IN GEFANGENSCHAFT LÄNGST AUSGESTORBEN. HEUTE LEBEN KAUM NOCH 200 EXEMPLARE DIESER VOGELART.

JOEL SARTORE

Zimtkopfliest, *Todiramphus cinnamominus*
(in der Natur ausgestorben)

Die unbeabsichtigte Einführung Brauner Nachtbaumnattern auf Guam brachte das ohnehin schon prekäre ökologische Gleichgewicht der Insel ins Wanken. In der Folge starben zahlreiche auf Guam heimische Echsen- und Vogelarten aus, darunter auch der Zimtkopfliest. Im Jahr 1986 verbrachten Forscher die letzten 29 bekannten Vertreter der Spezies, die es in freier Wildbahn noch gab, in menschliche Obhut. Heute gibt es weltweit nur weniger als 160 der Vögel, sie alle leben in Gefangenschaft.

Säbelantilope, *Oryx dammah*
(in der Natur ausgestorben)

Es ist noch nicht lange her, da war die Säbelantilope in den Wüsten Nordafrikas weitverbreitet. Die Tiere waren einzigartig an ihre aride Umgebung angepasst; bei Wasserknappheit konnten sie etwa Pflanzen Flüssigkeit entziehen. Der Verlust des Lebensraumes und die Überjagung führten dazu, dass die Art im Jahr 2000 für in der Natur ausgestorben erklärt wurde. Derzeit bemüht man sich in den Ländern Tunesien, Marokko, Senegal, Tschad und Niger um eine Wiedereinführung.

Davidshirsch, *Elaphurus davidianus*
(in der Natur ausgestorben)

Im Jahr 1865 umfasste die kleine Population von Davidshirschen, die in einem Jagdrevier in Peking lebte, beinahe alle letzten Vertreter der Spezies. Ein französischer Missionar verbrachte einige Tiere nach Europa, und während diese Population wuchs, nahm diejenige in China immer mehr ab. Im Jahr 1985 wurde der Davidshirsch in China wieder angesiedelt; man hofft, dass man ihn eines Tages dort auch gänzlich wieder auswildern kann.

## LETZTMALIG ALS WILDTIER GEFANGEN

# 1970

Südchinesischer Tiger, *Panthera tigris amoyensis*
(vom Aussterben bedroht, möglicherweise bereits
in der Natur ausgestorben)

Zu Beginn der 1950er-Jahre gab es in freier Wildbahn noch über 4000 dieser Südchinesischen Tiger. Da man sie als Schädlinge ansah, wurden sie gejagt, bis die chinesische Regierung in den 1970er-Jahren endlich Schutzmaßnahmen für die Spezies ergriff. Heute existieren schätzungsweise weniger als 100 dieser Tiger.

Elfenbeinspecht, *Campephilus principalis* (vom Aussterben bedroht, wahrscheinlich bereits ausgestorben)

Wahrlich ein Geist: Auf der Suche nach Nordamerikas größter Spechtart stoßen Ornithologen unermüdlich in das dramatisch geschrumpfte Verbreitungsgebiet des Vogels vor. Von einer Sichtung wurde 2004 in Arkansas berichtet, bestätigt wurde sie nicht. Hier: ein ausgestopftes Exemplar im University of Nebraska State Museum.

Schwarze Strandammer,
*Ammospiza maritima nigrescens* (ausgestorben)

Für den Bau des Kennedy Space Center in Florida überflutete man das nahegelegene Sumpfgebiet, um die Anzahl der Mücken zu reduzieren – und machte damit gleichzeitig den Nistgründen der Schwarzen Strandammer den Garaus. Lediglich eine kleine Population überlebte, doch da es an Schutzmaßnahmen für ihren Lebensraum fehlte, schwanden die Bestände weiter. Die letzte bekannte Schwarze Strandammer, hier im Bild, starb am 16. Juni 1987; im Jahr 1990 wurde die Art für ausgestorben erklärt.

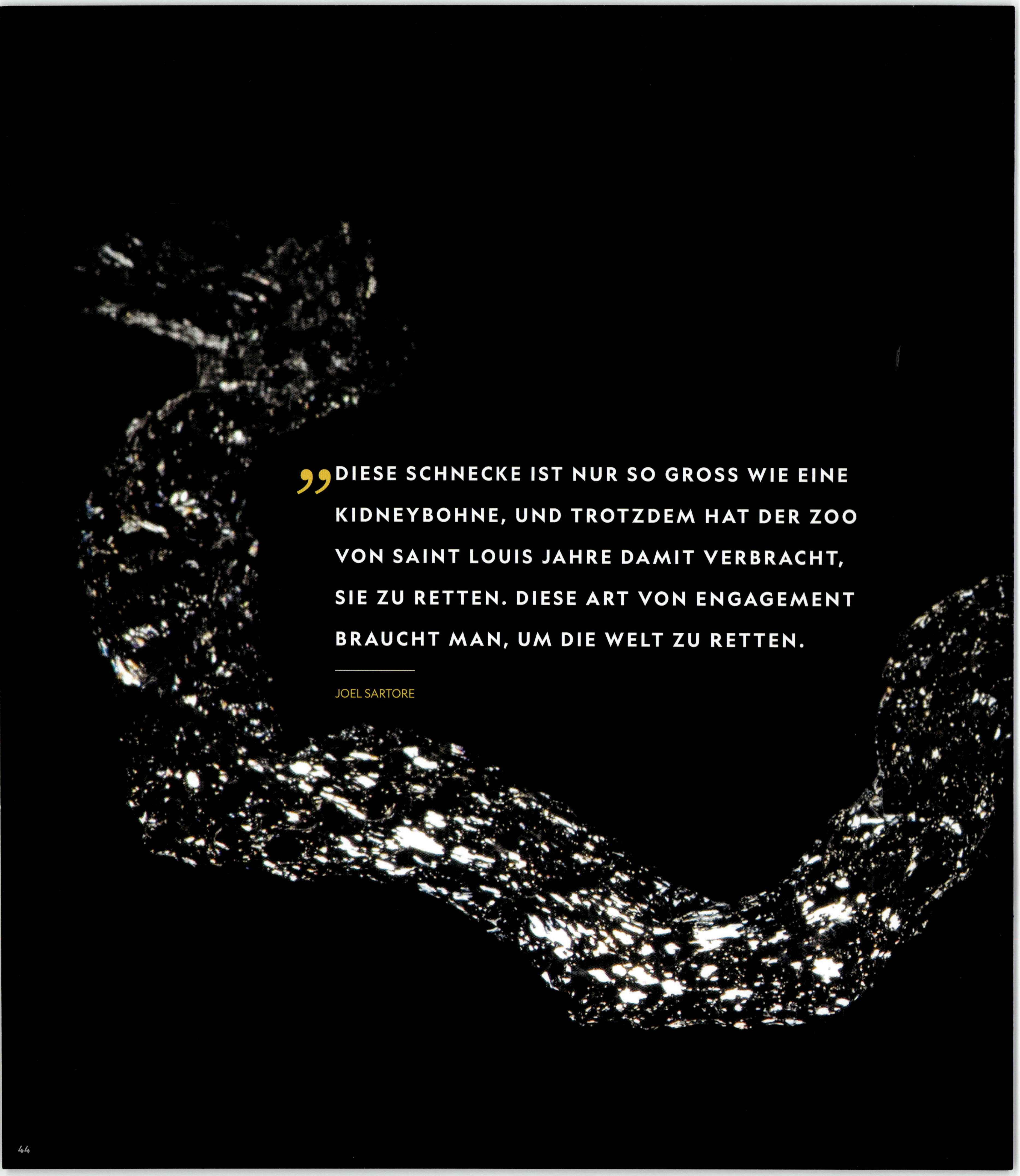

„DIESE SCHNECKE IST NUR SO GROSS WIE EINE KIDNEYBOHNE, UND TROTZDEM HAT DER ZOO VON SAINT LOUIS JAHRE DAMIT VERBRACHT, SIE ZU RETTEN. DIESE ART VON ENGAGEMENT BRAUCHT MAN, UM DIE WELT ZU RETTEN.

JOEL SARTORE

Schneckenart aus der Gattung Partula, *Partula nodosa*
(in der Natur ausgestorben)

Die Heimat der kleinen Landschnecken ist die südpazifische Insel Tahiti. In den späten 1970er-Jahren wurde jedoch eine Raubschneckenart eingeführt, mit der man eine andere invasive Art unter Kontrolle halten wollte. Das führte bei der *Partula nodosa* zu einem massiven Populationsrückgang. Ende der 1980er-Jahre war die Schnecke von der Insel verschwunden, doch geben Zuchtbemühungen in Gefangenschaft Anlass zur Hoffnung. Seit dem Jahr 2015 werden im Zoo von Saint Louis gezüchtete Partula-Schnecken wieder in ihrem Verbreitungsgebiet auf Tahiti ausgewildert.

Wyoming-Kröte, *Anaxyrus baxteri*
(in der Natur ausgestorben)

Einst wimmelte es in den Überschwemmungsebenen des Laramie River in Wyoming nur so von diesen unscheinbaren Kröten. Verheerende Auswirkungen auf die Population hatte wahrscheinlich der Zuwachs an Schädlingsbekämpfungsmitteln in den 1970er- und 1980er-Jahren, Mitte der 1990er-Jahre hatte man die verbliebenen bekannten Exemplare aus freier Wildbahn in menschliche Obhut gebracht. Ihre Anzahl ist wieder gestiegen, doch sind sie und viele andere Amphibien nun durch eine Pilzerkrankung (Chytridiomykose) bedroht.

Kihansi-Gischtkröte, *Nectophrynoides asperginis*
(in der Natur ausgestorben)

An den Kihansi-Fällen im Osten von Tansania waren einst rund 17000 dieser kleinen Amphibien beheimatet. Beim Bau eines neuen Dammes wurde der Zufluss des Wasserfalls größtenteils abgeschnitten. Als Folge trocknete das Habitat der Kröte aus. Im Jahr 2000 fing man etwa 500 Tiere ein und brachte sie in die USA. Durch Zuchtprogramme in Gefangenschaft konnte die Population wieder auf über 6000 Exemplare steigen. Einige von ihnen werden derzeit wieder im ursprünglichen Verbreitungsgebiet angesiedelt.

Spix-Ara, *Cyanopsitta spixii* (vom Aussterben bedroht, wahrscheinlich bereits in der Natur ausgestorben)

Die Vögel mit dem leuchtend blauen Gefieder sind aller Wahrscheinlichkeit nach aus den Regenwäldern Brasiliens verschwunden. Eine einzelne Sichtung in freier Wildbahn im Jahr 2016 gab Anlass zu der Hoffnung, dass der Spix-Ara doch überlebt hat, doch glauben Wissenschaftler eher, dass es sich dabei um einen aus Gefangenschaft entflogenen Vogel gehandelt hat. Heute befinden sich zwischen 60 und 80 Exemplare dieser Papageien in menschlicher Obhut.

JEDE ACHTE VOGELART WAR WELTWEIT

VOM AUSSTERBEN BEDROHT, IM JAHR

# 2017

KAPITEL EINS

# VERLUST

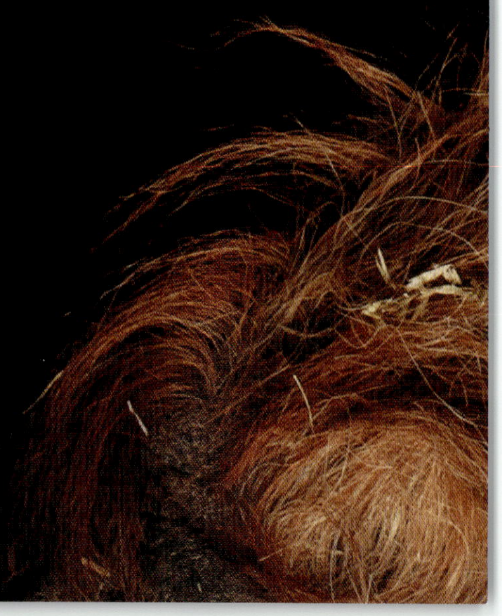

Millionen Jahre lang führte der Kakapo ein einfaches Leben. Tagsüber blieb er in Deckung, nachts suchte er nach Futter. Wenn sein Lieblingsbaum Früchte und Samen trug, paarte der Kakapo sich. In seinem Verbreitungsgebiet, das einst ganz Neuseeland umfasste, hat die Papageienart Spuren in der Geschichte noch vor dem Menschenzeitalter hinterlassen.

Mit dem Kakapo hat die Evolution einen flugunfähigen Vogel hervorgebracht, der perfekt an seine Inselumgebung angepasst war. Auch für ihn stellte die Ankunft des Menschen eine ernsthafte Bedrohung dar. Bald sah er sich mit neuen Säugetierbeutegreifern konfrontiert, denen er nicht davonfliegen konnte. Innerhalb von nur wenigen Jahrhunderten – ein Wimpernschlag in der Geschichte des Vogels – verschwand der Kakapo beinahe vollständig. Gegen Ende des 20. Jahrhunderts hatten 62 Kakapos überlebt. Und trotz intensiver Bemühungen existieren heute nur knapp 150 Tiere.

In diesem Kapitel treffen Sie auf Tiere, die sich vor unseren Augen praktisch in Luft auflösen. Eine Wildkatze, die durch Kreuzungen zur Hauskatze wird. Ein Fischadler, dem es an Fischen mangelt. Ein schlaksiges Insekt wird fast ausgelöscht durch invasive Ratten und einer sehr langsam wachsenden Koralle machte eine Krankheit beinahe den Garaus. Und wirklich nur noch Zentimeter vom Abgrund entfernt: eine langlebige Schildkröte, aus ihrem Verbreitungsgebiet an einem der am stärksten verschmutzten Flüsse der Welt verschwunden, deren Zukunft einzig und allein von zwei alternden Individuen in Gefangenschaft abhängt. Wie düster ihre Situation auch aussehen mag: Die Geschichte dieser Tiere lehrt uns – wenn wir nur wollten –, dass es so nicht enden muss. Verschwinden bedeutet noch nicht verschwunden sein.

**STAND JANUAR 2019:**

# 5826

**TIERARTEN WERDEN ALS VOM AUSSTERBEN BEDROHT EINGESTUFT (IUCN, ROTE LISTE).**

**VORIGE DOPPELSEITE:** Sumatra-Orang-Utan, *Pongo abelii* (vom Aussterben bedroht)
**LINKS:** Kakapo, *Strigops habroptila* (vom Aussterben bedroht)
**RECHTS:** Mongozmaki, *Eulemur mongoz* (vom Aussterben bedroht)

Wagners Bergotter, *Montivipera wagneri*
(vom Aussterben bedroht)

Die 1846 im Iran entdeckte Otterart verschwand für mehr als 140 Jahre von der Bildfläche. Sie galt als ausgestorben, bis man Mitte der 1980er-Jahre einige Exemplare dieser Art in der Türkei wieder entdeckte.

Brauner Klammeraffe, *Ateles hybridus*
(vom Aussterben bedroht)

Die südamerikanische Affenart spielt eine entscheidende Rolle beim Verbreiten von Samen in ihren Heimatwäldern – mindestens 148 verschiedene Pflanzen- und Fruchtarten brauchen die vom Aussterben bedrohten Primaten zum Überleben.

DIE ANZAHL DER JAVA-LEOPARDEN, DIE LETZTEN GROSSEN FLEISCHFRESSER IHRER ÜBERFÜLLTEN HEIMATINSEL, SANK WAHRSCHEINLICH UNTER

# 500

Java-Leopard, *Panthera pardus melas*
(vom Aussterben bedroht)

Der Java-Leopard, die letzte Großkatze auf Java, ist vermutlich vor rund 600 000 Jahren über eine Landbrücke aus der Eiszeit vom asiatischen Festland auf die indonesische Insel gekommen. Auf der Nachbarinsel Sumatra wurden die Leoparden wahrscheinlich vor etwa 74 000 Jahren durch einen Vulkanausbruch ausgelöscht.

Negros-Dolchstichtaube, *Gallicolumba keayi*
(vom Aussterben bedroht)

Die ausschließlich auf den philippinischen Inseln Negros und Panay vorkommende Negros-Dolchstichtaube gehört zu den fünf Dolchstichtaubenarten der Region. Ihren Namen verdanken sie dem charakteristischen roten länglichen Fleck an Kehle und Brust, der an Blut erinnert.

Warzenhonigfresser, *Anthochaera phrygia* (vom Aussterben bedroht)

Der Gesang des Warzenhonigfressers, der auf der Westseite des Großen Australischen Scheidegebirges beheimatet ist, hat sich im Laufe der Zeit verändert und weist im Verbreitungsgebiet des Vogels sogar regionale Dialekte auf.

Fisch aus der Gattung der Buntbarsche,
*Paretroplus menarambo* (vom Aussterben bedroht)

Der kleine Süßwasserfisch galt bis zum Jahr 2008 als in der Natur ausgestorben. Dann entdeckte man eine kleine Population in einem See im nordwestlichen Teil der Insel Madagaskar.

Mhorrgazelle, *Nanger dama mhorr*
(vom Aussterben bedroht)

Die größte Gazelle der Welt, eine Unterart der Damagazelle, bewohnt Wüsten und war in Tschad, Sudan und Darfur einst weitverbreitet. Sie kann mit allen vier Beinen gleichzeitig vom Boden abspringen, eine Bewegung, die als Pronken oder Prellspringen bezeichnet wird.

NUR NOCH IN ZERSPLITTERTEN SUBPOPULATIONEN
LEBEN MHORRGAZELLEN, WAHRSCHEINLICH
WELTWEIT IN FREIER WILDBAHN WENIGER ALS

# 250

Baumhummer, *Dryococelus australis*
(vom Aussterben bedroht)

Die Populationen dieser Insekten wurden dramatisch durch Ratten gefährdet, die von einem gekenterten Schiff aus nach Australien geschwommen waren. Die invasiven Nager bedrängten die Spezies derart, dass sie 1920 als ausgestorben galt; 2001 fand man jedoch noch eine kleine Population Baumhummer in freier Wildbahn.

# ≈135

## GESCHLECHTSREIFE TIERE NOCH IN FREIER WILDBAHN

**DAS PHILIPPINEN-KROKODIL** liegt in Flüssen, Bächen und Sümpfen auf der Lauer und fängt dort Beute aller Art: Libellen, Fische, Schlangen, Wasservögel, Hunde, ja sogar Schweine. Man würde meinen, das Reptil könne sein Revier furchtlos durchstreifen. Doch einen Fressfeind hat das Tier, und der setzt ihm mächtig zu: der Mensch. Bejagung, Verlust des Lebensraums und das Verfangen in Fischernetzen haben dazu geführt, dass das Verbreitungsgebiet des Krokodils schrumpft und seine Bestände sinken. Wissenschaftler sind der Meinung, dass diese Reptilien einst alle philippinischen Inseln bewohnten; heute kommen sie nur noch in drei Regionen vor: im Norden der Insel Luzon, im Südwesten der Mindanao-Inseln und auf Dalupiri. Jüngsten Schätzungen zufolge sinken die Populationen weiter. Trotz Gesetzgebung, jahrzehntelanger Zuchtbemühungen und umfassender Schutzmaßnahmen direkt vor Ort gab es im Jahr 2012 weniger als 200 Philippinen-Krokodile in freier Wildbahn.

Philippinen-Krokodil, *Crocodylus mindorensis* (vom Aussterben bedroht)

Panayhornvogel, *Rhabdotorrhinus waldeni*
(vom Aussterben bedroht)

Jüngste Untersuchungen schätzen die Population des Vogels auf 1500–4000 überlebende Exemplare. Die massive Abholzung der Wälder auf den Philippinen hat die Inseln Negros und Panay, wo drei beziehungsweise sechs Prozent des Hornvogelbestands zu finden sind, ihrer natürlichen Deckung beraubt.

Sumatra-Tiger, *Panthera tigris sumatrae*
(vom Aussterben bedroht)

Die überwiegende Mehrheit aller Todesfälle bei Sumatra-Tigern ist dem Abschlachten durch den Menschen geschuldet. Mindestens 40 dieser vom Aussterben bedrohten Tiere fallen jährlich Wilderern zum Opfer.

Unterart des Visayas-Pustelschweins,
*Sus cebifrons negrinus*
(vom Aussterben bedroht)

Fühlen sie sich bedroht, stellen die Tiere ihre borstige Nackenmähne auf. Durch diesen eindrucksvollen »Irokesenschnitt« wirken die Tiere sehr viel größer.

ETWA 12 000 BILDER WIRD DIE PHOTO ARK SCHLUSSENDLICH UMFASSEN, HIER NUMMER

# 9000

Bandulabarbe, *Pethia bandula* (vom Aussterben bedroht)

Den kleinen Süßwasserfisch findet man ausschließlich in einem Flüsschen in Galapitamada auf Sri Lanka. Innerhalb eines Jahrzehnts nach seiner ersten Entdeckung sank die geschätzte Population von ungefähr 2000 Tieren auf nur noch 200–300 Bandulabarben.

Sumatra-Elefant, *Elephas maximus sumatranus* (vom Aussterben bedroht)

Die Population dieses kleinen asiatischen Elefanten halbierte sich innerhalb nur einer Generation. Zu einem Großteil ist diese Abnahme des Bestands der Rodung geschuldet. Die Wälder müssen Plantagen zur Gewinnung von Palmöl, Kautschuk und Faserholz weichen.

„VERTRAUENSVOLL, ENTSPANNT, NEUGIERIG: TRIXIE, DIESE ORANG-UTAN-DAME, MUSSTE ERST VERSTEHEN, DASS ICH SIE NUR FOTOGRAFIEREN WOLLTE. AB DIESEM MOMENT WAR SIE SEHR KOOPERATIV.

JOEL SARTORE

Unterart des Borneo-Orang-Utan,
*Pongo pygmaeus wurmbii* (vom Aussterben bedroht)

Die einzigen noch existierenden Großen Menschenaffen Asiens führen ein eher einzelgängerisches Leben und haben alle sechs bis acht Jahre nur ein Jungtier. Die Zerstörung ihres Regenwaldhabitats und die illegale Bejagung treiben die einzigartige Spezies an den Rand des Aussterbens.

Unterart des Kurdischen Bergbachmolchs, *Neurergus derjugini microspilotus* (vom Aussterben bedroht)

Verheerende Dürren im Zagros-Gebirge und der illegale Haustierhandel stellen die größten Bedrohungen dieser flussbewohnenden Spezies dar. Im Iran ist sie zwar gesetzlich geschützt, doch wird die Anzahl der Bergbachmolche weiter sinken, wenn die Gesetze nicht auch überwacht werden.

Amerikanischer Totengräber, *Nicrophorus americanus*
(vom Aussterben bedroht)

Diese Käfer vergraben tote Tiere, um ihre Jungen damit zu füttern. Schlüpfen die Larven, kümmern sich beide Eltern um den Nachwuchs, der bis zu 30 Jungtiere umfassen kann.

Philippinenadler, *Pithecophaga jefferyi* (vom Aussterben bedroht)

Dieser Adler, Nationalvogel der Philippinen, gehört zu den größten der Welt. Die Evolution hat ihn mit einer geringeren Flügelspannweite ausgestattet, damit er zwischen den Bäumen seines Waldhabitats gut manövrieren kann.

# MEERESSPIEGEL

VORHERSAGEN ZUFOLGE soll der Meeresspiegel in den kommenden 80 Jahren um 65 Zentimeter ansteigen – eine düstere Aussicht für einen tief liegenden Archipel. Die Feuchtgebiete, Mangrovenwälder und kiefernbestandenen Felsen der Florida Keys ragen bei Flut kaum aus dem Wasser, bieten aber zahlreichen Tieren Lebensraum. Zudem sind die einzigartigen Landschaften der Inseln die Heimat zahlreicher regionaler Unterarten, etwa des endemischen Weißwedelhirschs, dessen Bestände bereits im Sinken begriffen sind. Der Silberstreif am Horizont allerdings: Umweltschützer, Bundesbeamte und Wissenschaftler sind sich der Dringlichkeit bewusst, die langfristigen Auswirkungen des steigenden Meeresspiegels auf die Inselgruppe einzuschätzen. Es wurden schon einige Maßnahmen ergriffen, die den dortigen Tieren helfen sollen, sich an die Veränderungen anzupassen.

**OBERE REIHE, VON LINKS NACH RECHTS:** Key-Largo-Baumwollmaus, *Peromyscus gossypinus allapaticola* (nicht gefährdet); Lower-Keys-Marschkaninchen, *Sylvilagus palustris hefneri* (vom Aussterben bedroht); Nagetier aus der Gattung der Reisratten, *Oryzomys palustris natator* (nicht gefährdet) **UNTERE REIHE, VON LINKS NACH RECHTS:** Florida-Baumschnecke, *Orthalicus reses reses* (stark gefährdet); Key-Weißwedelhirsch, *Odocoileus virginianus clavium* (nicht gefährdet); Key-Largo-Waldratte, *Neotoma floridana smalli* (nicht gefährdet); Schaus-Schwalbenschwanz, *Papilio aristodemus* (nicht beurteilt)

POPULATION AFRIKANISCHER WILDESEL; AUFGRUND DES KLIMAWANDELS, DES VERLUSTS DES LEBENSRAUMES UND DER AUSBREITUNG DER VIEHZUCHT GESCHRUMPFT AUF:

# 70

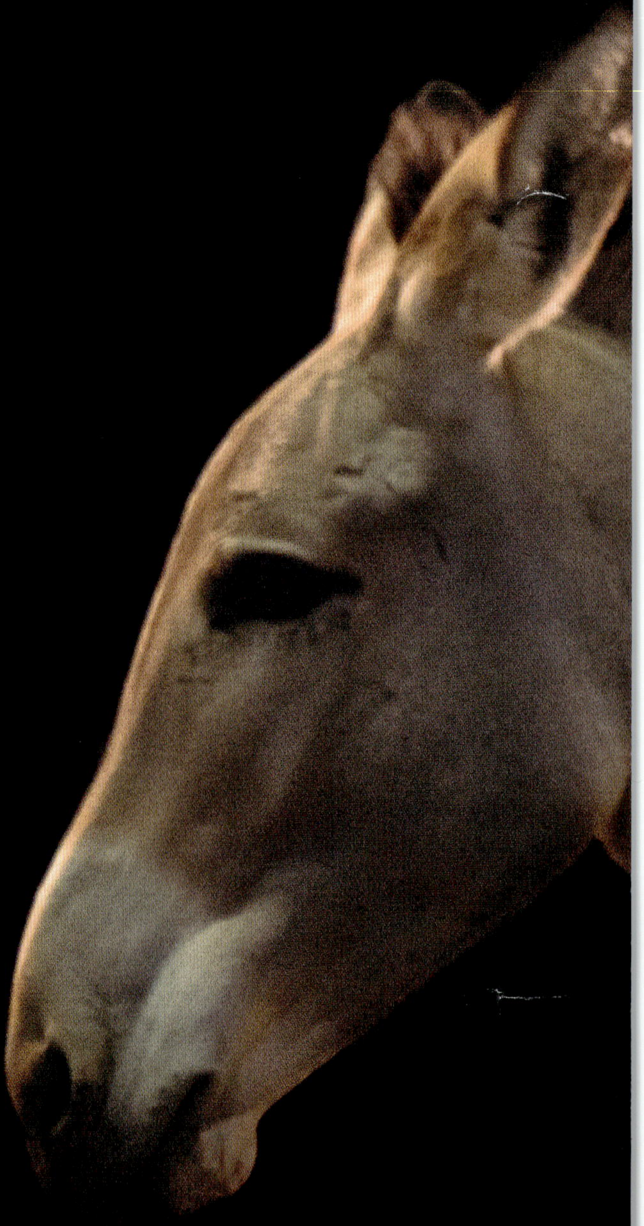

Somali-Wildesel, *Equus africanus somaliensis* (vom Aussterben bedroht)

DNS-Analysen haben ergeben, dass der Afrikanische Wildesel, die übergeordnete Art des Somali-Wildesels, ein Urahn unserer heutigen Esel ist. Mittlerweile gehören Inzucht und Konkurrenz mit dem Hausesel zu den größten Bedrohungen der Spezies.

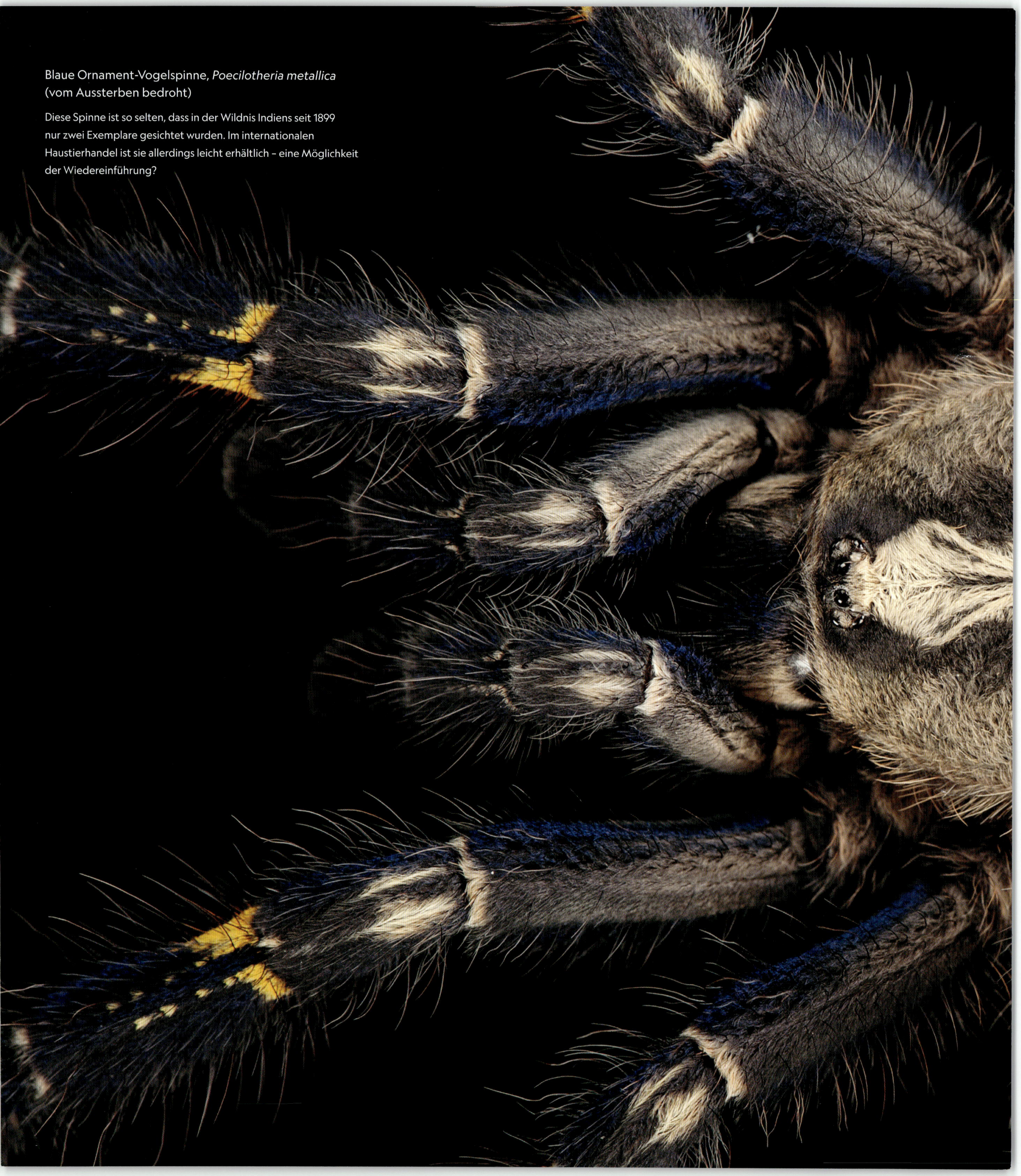

Blaue Ornament-Vogelspinne, *Poecilotheria metallica* (vom Aussterben bedroht)

Diese Spinne ist so selten, dass in der Wildnis Indiens seit 1899 nur zwei Exemplare gesichtet wurden. Im internationalen Haustierhandel ist sie allerdings leicht erhältlich – eine Möglichkeit der Wiedereinführung?

Zwergwildschwein, *Porcula salvania*
(vom Aussterben bedroht)

Die kleinste und seltenste Wildschweinart streifte einst durch das Grasland Indiens. Heute ist das Zwergwildschwein beinahe ausgestorben, in freier Wildbahn gibt es nur noch wenige Hundert Individuen.

Hellköpfiger Schwarzlangur, *Trachypithecus poliocephalus*
(vom Aussterben bedroht)

Die asiatischen Affen verbringen den Tag damit, sich an Ästen durch den Wald zu hangeln, nachts versammeln sie sich gruppenweise in den Kalksteinhöhlen Vietnams. Languren wechseln häufig zwischen den Übernachtungsstätten in ihrem Revier.

Diademsifaka, *Propithecus diadema*
(vom Aussterben bedroht)

Die auf Madagaskar heimischen Lemuren sind nur an einem einzigen Tag im Jahr fruchtbar, was den Wiederaufbau einer Population erheblich erschwert, die durch Brandrodungen fast ausgelöscht ist.

„WENN KREATUREN WENIGER SAUERSTOFF ZUR AUFNAHME DURCH DIE HAUT ZUR VERFÜGUNG HABEN, WERDEN SIE KREATIV. DIESER FROSCH HAT DAS PROBLEM DURCH DIE RADIKALE VERGRÖSSERUNG DER HAUTOBERFLÄCHE MITTELS HAUTFALTEN GELÖST, DIE AN EINEN SHAR-PEI ERINNERN.

JOEL SARTORE

Titicaca-Riesenfrosch, *Telmatobius culeus*
(vom Aussterben bedroht)

Im Jahr 2016 kam es in Peru auf mysteriöse Weise zum Tod von etwa 10 000 Fröschen dieser Art. Wissenschaftler glauben, dass schwere Umweltverschmutzung dazu geführt hat, doch eine Stellungnahme von offizieller Seite steht noch immer aus.

Satansaffe, *Chiropotes satanas*
(vom Aussterben bedroht)

Der im östlichen Brasilien (Amazonasgebiet) heimische Affe ernährt sich von Samen, Fruchtfleisch und Blüten. Durch Abholzung und vordringende Landwirtschaft ist sein Lebensraum dramatisch geschrumpft. Erst vor Kurzem hat man herausgefunden, dass sich die Affen in Gruppen (je zwischen vier und 39 Tiere) auf isolierte Inseln zurückgezogen haben, auf denen sie seit Jahren auf sich gestellt leben.

# ≈240

## GESCHLECHTSREIFE VÖGEL DER ART LEBEN NOCH IN FREIHEIT.

**HOCH OBEN** in einem Baum am Rand des Wassers wartet ein weiblicher Madagaskarseeadler auf Beute, die er an der Wasseroberfläche mit seinen scharfen Klauen packt. Die Vögel leben seit Tausenden von Jahren in dieser Region; um überleben zu können, brauchen sie das Wasser, und gerade dieser Mangel verursacht immer weiter sinkende Bestände. Trotz seiner majestätischen Erscheinung konkurriert der größte Greifvogel Madagaskars mit einem anderen hungrigen Beutegreifer, der ebenfalls auf die Nahrung aus dem Wasser angewiesen ist: mit dem Menschen. Heute gibt es nur noch etwa 240 Madagaskarseeadler in freier Wildbahn, und die Liste der Bedrohungen - darunter Abholzung der Wälder und Wasserverschmutzung - ist lang. Es gibt aber auch eine gute Nachricht. Im Jahr 2015 stellte die madagassische Regierung zwei Feuchtgebiete in der Nähe von Antsalova und Tambohorano unter Naturschutz, in denen rund ein Viertel der Brutpopulation des Vogels beheimatet ist. Mitarbeiter des Peregrine Fund arbeiten gemeinsam mit den Gemeinden vor Ort an kleinen Lösungen, die große Auswirkungen haben könnten. So stellen sie den Fischern beispielsweise Glasfaserkanus zur Verfügung, um die Bäume zu erhalten, von denen aus der Madagaskarseeadler nach Beute Ausschau hält.

Madagaskarseeadler, *Haliaeetus vociferoides* (vom Aussterben bedroht)

Pilalo-Laubfrosch, *Hyloscirtus ptychodactylus* (vom Aussterben bedroht)

Dieser vom Aussterben bedrohte Frosch stellt sein Hinterteil auf, wenn er sich von Fressfeinden bedroht fühlt. Abholzung und kommerzielle Bebauung zerstören nach und nach sein Wald- und Feuchtgebiethabitat in Ecuador, doch arbeitet Balsa de los Sapos, ein Amphibienzucht- und -studienzentrum in Quito, hart daran, die Spezies zu erhalten.

Tabascoschildkröte, *Dermatemys mawii*
(vom Aussterben bedroht)

Dies ist die letzte verbleibende Art einer Schildkrötenfamilie. Fossilienfunde der Familie reichen bis in den Jura und die Kreidezeit zurück, doch mittlerweile steht das Überleben der Art durch ihre niedrige Reproduktionsrate und Überjagung auf dem Spiel.

Java-Plumplori, *Nycticebus javanicus*
(vom Aussterben bedroht)

Der kleine Primat kann einen Giftstoff produzieren, mit dem er sich einreibt, um sich vor Beutegreifern zu schützen. Sein Problem ist allerdings eher der Verlust des Lebensraumes, aufgrund dessen die verbleibenden Populationen immer mehr zersplittern.

„WIR HABEN ERFOLG, WENN POPULATIONEN IN FREIER WILDBAHN WIEDER GANZ NATÜRLICH GEDEIHEN. DA DERZEIT SO VIELE ARTEN AM RAND DES AUSSTERBENS STEHEN, DÜRFEN WIR KEINE ZEIT VERLIEREN. DAS IST UNSER ANSPORN.

JENNY GRAY, GESCHÄFTSFÜHRERIN VON ZOOS VICTORIA

Hörnchenbeutler, *Gymnobelideus leadbeateri*
(vom Aussterben bedroht)

Das australische Beuteltier ist kleiner als eine menschliche Hand und lebt in Baumhöhlen. Durch um sich greifende Buschbrände ist der Lebensraum dieser Art stark gefährdet.

Malaysia-Tiger, *Panthera tigris jacksoni*
(vom Aussterben bedroht)

Weltweit gibt es mittlerweile schätzungsweise weniger als 250 ausgewachsene Malaysia-Tiger, in den 1950er-Jahren waren es noch annähernd 3000 Individuen. Zusätzlich zum rasch schrumpfenden Verbreitungsgebiet macht den Tieren der immer noch florierende Handel mit Tigern und ihren Körperteilen schwer zu schaffen.

# ZWANGSRUHE

EINST WAREN die Regenwälder Asiens vom süßen Gesang der Vögel erfüllt, heute ist es in vielen von ihnen still geworden. Die Vorliebe der Südostasiaten, sich die wunderschönen Vögel als Haustiere zu halten, hat zu einem massiven Anstieg des Einfangens der Tiere in freier Wildbahn geführt – und zahlreiche seltene Arten an den Rand des Aussterbens gebracht. Indonesien ist ein Hauptumschlagplatz für diesen illegalen weltweiten Handel: Forscher, die 2014 eine Bestandsaufnahme der Vogelmärkte in Jakarta durchführten, verzeichneten 19 000 Vögel, die zum Verkauf standen – in nur drei Tagen. Die meisten illegal gefangenen Vögel überleben in einem Käfig nur einen oder zwei Tage, was ihnen den grausigen Beinamen »Schnittblumenvögel« eingebracht hat. Denn sie halten sich noch nicht einmal so lange wie ein Strauß Schnittblumen in einer Vase. Derzeit arbeiten Artenschützer, Zoos, Nichtregierungsorganisationen (NGOs) und akademische Institutionen gemeinsam daran, die Verbraucher über diese Missstände aufzuklären und die Durchsetzung existierender Gesetze sowie Einschränkungen im Haustierhandel zu verstärken.

**OBERE REIHE, VON LINKS NACH RECHTS:** Schwarzflügelstar, *Acridotheres melanopterus* (vom Aussterben bedroht); Rotstirnhäherling, *Garrulax rufifrons rufifrons* (vom Aussterben bedroht); Balistar, *Leucopsar rothschildi* (vom Aussterben bedroht) **UNTERE REIHE, VON LINKS NACH RECHTS:** Dickschnabel-Blattvogel, *Chloropsis sonnerati* (gefährdet); Rubinkehlbülbül, *Pycnonotus dispar* (gefährdet); Java-Buschelster, *Cissa thalassina* (vom Aussterben bedroht); Sumatra-Weißhaubenhäherling, *Garrulax bicolor (stark gefährdet)*

Schopfaffe, *Macaca nigra* (vom Aussterben bedroht)

Die Art findet sich vorwiegend auf zwei indonesischen Inseln: auf Sulawesi, ihrer Heimat, und Pulau Bacan, wohin sie 1867 von Menschen gebracht wurde. Die Population auf Pulau Bacan gedeiht, allerdings auf die Gefahr hin, dass die Affen das ökologische Gleichgewicht der Insel, die nicht ihren heimischen Lebensraum darstellt, empfindlich stören.

Nördlicher Weißwangen-Schopfgibbon,
*Nomascus leucogenys* (vom Aussterben bedroht)

Mit ihren langen Armen und flexiblen Schultergelenken sind Gibbons wie geschaffen dafür, sich durch das Baumkronendach des Waldes zu schwingen. Da ihr Lebensraum durch Abholzung und die Ausbreitung der Landwirtschaft immer weiter fragmentiert wird, verschwinden die einzigartig angepassten Geschöpfe zusehends aus ihren ursprünglichen Verbreitungsgebieten im östlichen Asien.

VERRINGERUNG DES VERBREITUNGS-GEBIETS DER MENDESANTILOPE IM VERGANGENEN JAHRHUNDERT UM:

# 99 %

Mendesantilope, *Addax nasomaculatus*
(vom Aussterben bedroht)

Einst war die Wüstenantilope weitverbreitet, heute ist sie durch unkontrollierte Bejagung beinahe ausgerottet. In freier Wildbahn, in einem schmalen Gebiet zwischen Niger und Tschad, leben schätzungsweise nur noch weniger als 100 Mendesantilopen.

Europäischer Aal, *Anguilla anguilla*
(vom Aussterben bedroht)

Europäische Aale sind die geborenen Weltreisenden. Die adulten Tiere überqueren einen gesamten Ozean, um sich in den Gewässern in der Nähe der Bermuda-Inseln zu paaren. Anschließend wandern die Aallarven durch den Atlantik, und haben sie schließlich die europäischen Süßwasserflüsse erreicht, sind sie bereits in ihr letztes Reifestadium eingetreten.

„WIE DENKEN SIE ÜBER AALE? IHRE ANTWORT ENTSCHEIDET DARÜBER, OB SELBST DER GERINGSTE UNTER UNS (ÜBER-)LEBT ODER STERBEN WIRD.

JOEL SARTORE

Europäischer Nerz, *Mustela lutreola*
(vom Aussterben bedroht)

Das Verbreitungsgebiet des Europäischen Nerzes ist seit dem 19. Jahrhundert um mehr als 85 Prozent geschrumpft. Allerdings haben sich die Tiere neue Ökosysteme erschlossen und sich an neue Lebensräume im Nordosten Spaniens angepasst. Dies wiederum stellt Umweltschützer vor neue Herausforderungen, da die Beutegreifer den Ressourcen ihrer neuen Ökosysteme arg zusetzen.

Kröte aus der Ordnung der Froschlurche,
*Peltophryne lemur* (vom Aussterben bedroht)

Einst belief sich die Anzahl dieser Kröten in freier Wildbahn auf weniger als 100 Exemplare. Durch ein Zuchtprogramm in Gefangenschaft konnten Kaulquappen der Spezies in ihrer ursprünglichen Heimat Puerto Rico wiedereingeführt werden; mittlerweile haben diese Kröten neue Generationen hervorgebracht.

Gangesgavial, *Gavialis gangeticus*
(vom Aussterben bedroht)

Diese Krokodile mit der langen, schmalen Schnauze werden von allen Seiten bedrängt, zu ihren Bedrohungen gehören auch Trophäenjäger und Fischernetze, in denen sie sich verfangen. In manchen Kulturen sind die Eier der Reptilien hochgeschätzt, weshalb Krokodilnester häufig geplündert werden. Das alles erschwert die aktuellen Bemühungen, die Populationen wieder zu stabilisieren, erheblich.

DIE WELTWEITE POPULATION DER GANGESGAVIALE GING IN DEN 1940ER–1970ER-JAHREN ZURÜCK UM:

96%

Unterart des Sumatra-Nashorns, *Dicerorhinus sumatrensis sumatrensis* (vom Aussterben bedroht)

Zwischen 170 und 230 Individuen dieser kleinsten Nashornart gibt es heute noch. In den vergangenen beiden Jahrzehnten war Wilderei der Hauptgrund für den Niedergang der Spezies, da Horn sowie andere Körperteile des Tieres auf dem illegalen Markt immer noch heiß begehrt sind.

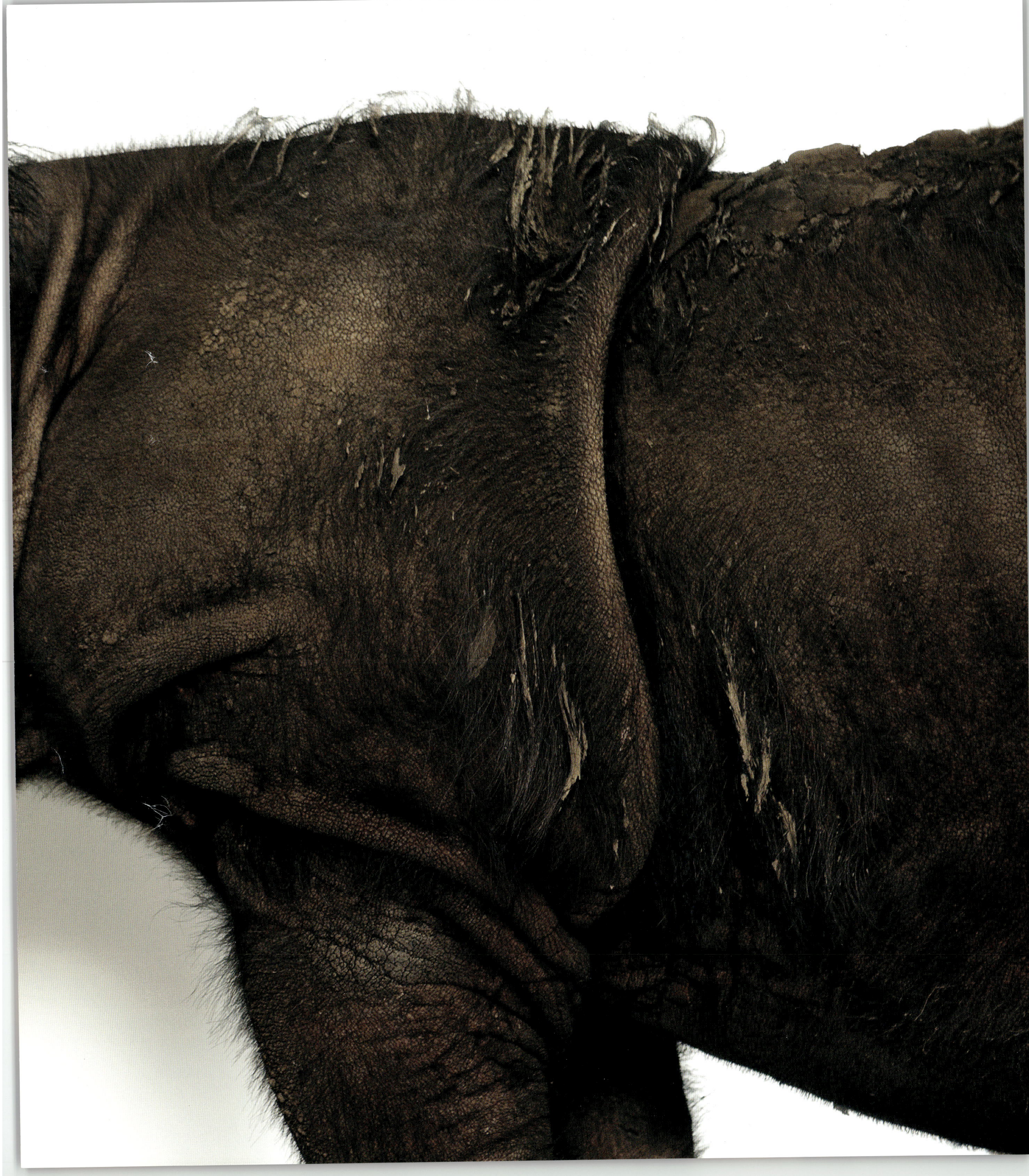

Hirschgeweihkoralle, *Acropora cervicornis*
(vom Aussterben bedroht)

Das Unterwasserdickicht, welches die Hirschgeweihkoralle ausbildet, ist für die Gesundheit der karibischen Korallenriffe unentbehrlich. In den 1980er-Jahren löschte eine Krankheit 97 Prozent ihrer Population aus; davon hat sich die nur langsam reproduzierende Steinkorallenart bis heute noch nicht erholt.

# ≈48

## REINRASSIGE INDIVIDUEN NOCH IN FREIER WILDBAHN

**DIE SCHOTTISCHE WILDKATZE** kennt jeden Quadratzentimeter ihres Reviers; sie orientiert sich daran, wie er aussieht, wie er sich anhört und wie er sich anfühlt. Die stille, einzelgängerische Katze ruht sich tagsüber aus und jagt in der Nacht, wobei sie abgelegene Regionen der Schottischen Highlands auf der Suche nach Kaninchen durchstreift. In Schottland ist die Wildkatze die letzte ihrer Art; die Subspezies hat Wölfe und Luchse in Großbritannien um Jahrhunderte überdauert und ist die größte Form der weiter verbreiteten Europäischen Wildkatze. Die reinrassige Schottische Wildkatze ähnelt einer muskulösen getigerten Hauskatze, weist aber ganz typische körperliche Merkmale auf, darunter einen buschigen, geringelten Schwanz mit stumpfer, schwarzer Spitze, einen dunklen Streifen auf dem Rücken, den sogenannten Aalstrich, und ein extradickes Fell. Ein weißer Fleck auf der Brust, ein geflecktes Fell oder ein spitz zulaufender Schwanz verweist auf das schwerwiegendste Dilemma des Tieres: die Kreuzung von Haus- und Wildkatze. Letztere paaren sich oft mit ihren domestizierten Verwandten, was das Überleben der Art gefährdet.

Schottische Wildkatze, *Felis silvestris grampia* (nicht beurteilt)

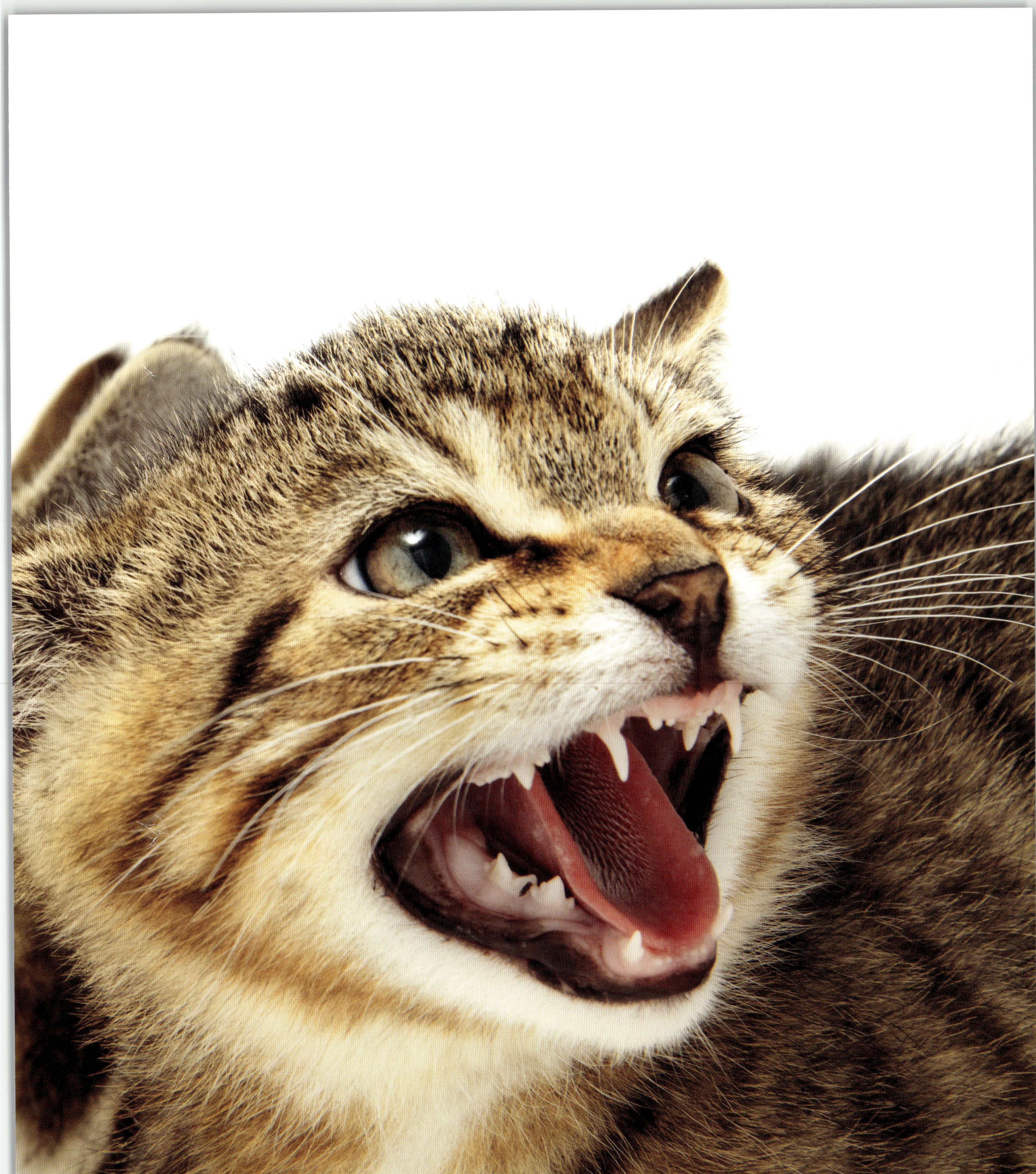

Cross-River-Gorilla, *Gorilla gorilla diehli*
(vom Aussterben bedroht)

Schätzungsweise 200 bis 300 dieser Gorillas gibt es heute noch in freier Wildbahn, sie leben in Nigeria und Kamerun verstreut. Im Bild hier ist Nyango zu sehen, der wahrscheinlich einzige Cross-River-Gorilla in menschlicher Obhut. Sie verbrachte mehr als 20 Jahre im Limbe Wildlife Center in Kamerun, bevor sie 2017 starb.

Siau-Koboldmaki, *Tarsius tumpara*
(vom Aussterben bedroht)

Dem kleinen Koboldmaki setzen Überjagung und Landerschließung schwer zu, doch seine wahrscheinlich größte Bedrohung stellt die Zersplitterung seiner Artgenossen dar. Die einzigen Populationen gibt es am Ufer eines kleinen Binnenteichs und auf einer steilen Klippe am Meer in Indonesien.

Talaud-Bärenkuskus, *Ailurops melanotis*
(vom Aussterben bedroht)

Das scheue Beuteltier kommt höchstwahrscheinlich nur auf der indonesischen Insel Salibabu vor – die noch nicht einmal 100 Quadratkilometer misst – und ist deshalb wenig erforscht. Gesichert jedoch ist, dass die kleine Population durch übermäßige Bejagung unter großem Druck steht.

Orangehaubenkakadu, *Cacatua sulphurea citrinocristata*
(vom Aussterben bedroht)

Von dieser in leuchtenden Farben gefiederten Spezies gibt es mittlerweile weniger als 3000 Individuen. Zum Verhängnis wurden der Art zum einen der Niedergang ihres Waldhabitats und zum anderen ihre Beliebtheit als Haustiere.

Fische aus der Familie der Hochlandkärpflinge,
*Empetrichthys latos*
(vom Aussterben bedroht)

# 0

## INDIVIDUEN DIESER ART NOCH IN IHREM URSPRÜNGLICHEN VERBREITUNGSGEBIET

**RUND 100 KILOMETER** östlich des Death Valley liegt im südlichen Nevada das Pahrump Valley. In dem an sich trockenen Tal gibt es Süßwasserquellen, in denen sich einst eine endemische Fischart tummelte: *Empetrichthys latos* aus der Familie der Hochlandkärpflinge, der nur 50 Millimeter Länge misst. Der Fisch war in drei seichten Quellen im Pahrump Valley beheimatet und jede von ihnen beherbergte eine einzigartige Subspezies. Das Abpumpen von Grundwasser in zwei der Quellen führte jedoch dazu, dass diese austrockneten – das Ende von *Empetrichthys latos*. In den 1970er-Jahren war die Art vollständig aus ihrem ursprünglichen Verbreitungsgebiet verschwunden. Heute existiert sie nur noch in einer Handvoll Quellen, in denen sie vor Jahrzehnten von Umweltschützern wieder angesiedelt wurde.

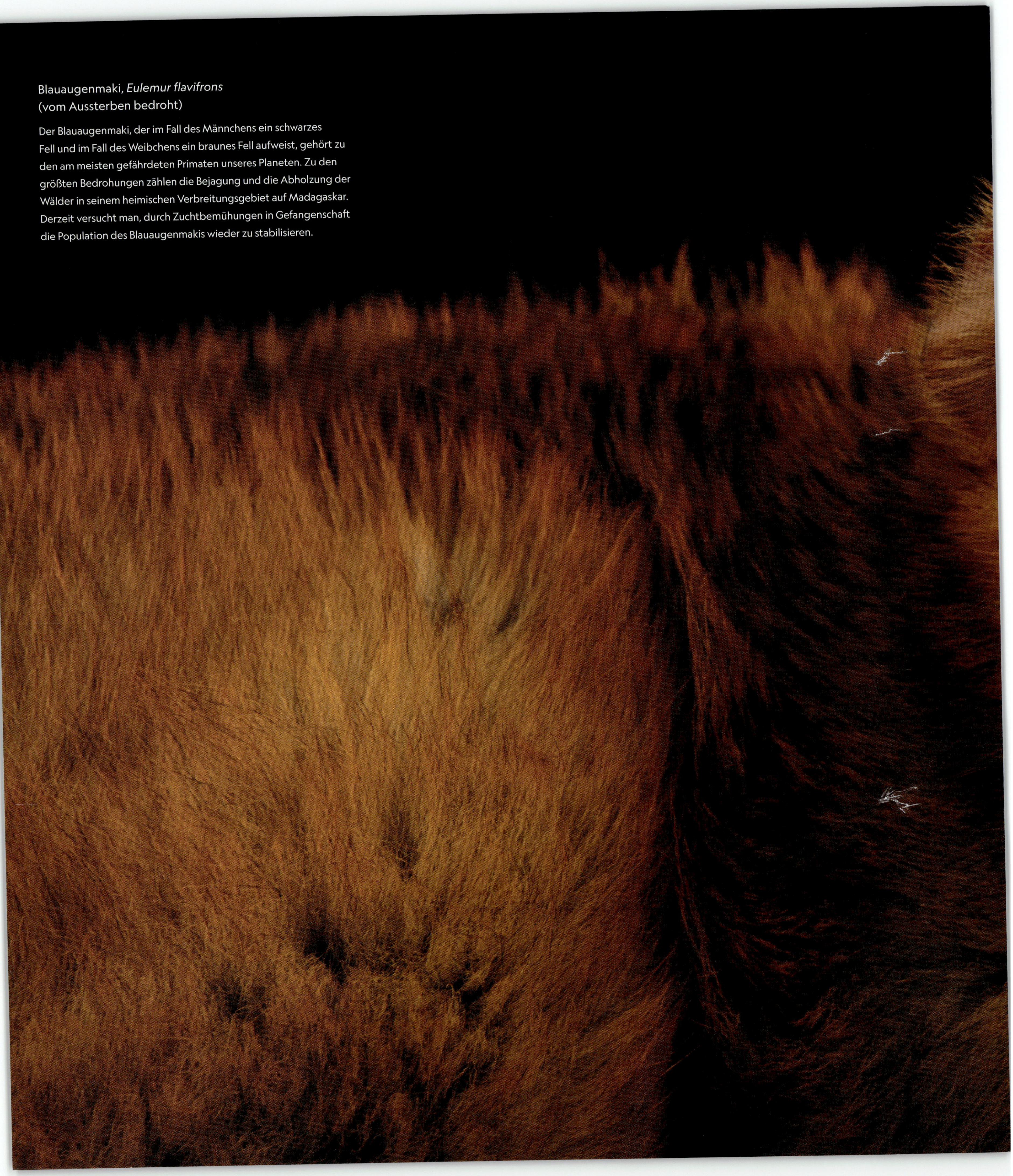

Blauaugenmaki, *Eulemur flavifrons*
(vom Aussterben bedroht)

Der Blauaugenmaki, der im Fall des Männchens ein schwarzes Fell und im Fall des Weibchens ein braunes Fell aufweist, gehört zu den am meisten gefährdeten Primaten unseres Planeten. Zu den größten Bedrohungen zählen die Bejagung und die Abholzung der Wälder in seinem heimischen Verbreitungsgebiet auf Madagaskar. Derzeit versucht man, durch Zuchtbemühungen in Gefangenschaft die Population des Blauaugenmakis wieder zu stabilisieren.

Süßwasserschnecke aus der Familie der Wattschnecken, *Pyrgulopsis trivialis* (vom Aussterben bedroht)

Die kleine Wasserschnecke nützt ihren Ökosystemen, indem sie Algen frisst und so das Wasser sauber hält. Ihr Überleben ist durch Isolation und invasive Flusskrebse bedroht.

Süßwassermuschel aus der Familie der Fluss- und Teichmuscheln, *Amblema neislerii* (vom Aussterben bedroht)

Die Muschel ist in den Flüssen Apalachicola, Flint und Chipola in den US-Staaten Florida und Georgia heimisch. Durch Dürren sowie Wasserverschmutzung wurde die Population erheblich dezimiert, sodass die Art heute nur noch an wenigen von den einst 324 bekannten Stellen vorkommt.

„MIR GRAUT VOR DEM GEDANKEN, DASS EINE ART AUSSTIRBT UND ICH ETWAS DAGEGEN HÄTTE TUN KÖNNEN. ICH WEISS, DASS WIR AUCH SCHEITERN KÖNNEN, DOCH WIR MÜSSEN ES VERSUCHEN – UND HART DAFÜR ARBEITEN.

MICHAEL MEYERHOFF, PROJEKTLEITER, ANGKOR CENTRE FOR CONSERVATION OF BIODIVERSITY

Weißschulteribis, *Pseudibis davisoni* (vom Aussterben bedroht)

Heute findet man sie fast nur noch in Kambodscha, doch einst waren die eleganten Wasservögel in ganz Südostasien weitverbreitet. Mittlerweile ist die Population der Weißschulteribisse klein und fragmentiert – in freier Wildbahn leben wahrscheinlich weniger als 700 adulte Individuen.

Rotwolf, *Canis rufus* (vom Aussterben bedroht)

Nachdem er 1980 für in der Natur ausgestorben erklärt worden war, erlebte der Rotwolf eine bescheidene Wiedereinführung in North Carolina, wo es zu Beginn des 21. Jahrhunderts wieder mehr als 150 wilde Rotwölfe gab. Durch den Widerstand der Landbesitzer reduzierte sich die Population auf rund 40 Individuen, allerdings sind über 200 Rotwölfe in Zuchtprogramme in Gefangenschaft involviert.

Grauschenkliger Kleideraffe, *Pygathrix cinerea*
(vom Aussterben bedroht)

Im Jahr 2014 entdeckte ein Team von Wissenschaftlern in der vietnamesischen Provinz Quang Nam eine neue, große Population Grauschenkliger Kleideraffen. Mit geschätzten rund 180 Individuen ist sie die zweite Population, die mehr als 100 der Primaten in einer Gruppe umfasst.

# 4

## INDIVIDUEN NOCH IN DER NATUR

**ENTDECKT WURDE** die Jangtse-Riesenweichschildkröte im Jahr 1873 – doch hat die Wissenschaft seitdem kaum etwas über die scheue Spezies herausgefunden. Wir wissen lediglich, dass es sich bei ihr um die größte Süßwasserschildkröte der Welt handelt und gleichzeitig um die am stärksten gefährdete. Offenbar gibt es nur noch vier Individuen der Art: Zwei leben im Suzhou Zoo in China. Dort hat man intensiv versucht, die Schildkröten mittels künstlicher Befruchtung zu züchten, was jedoch scheiterte. Die anderen zwei Schildkröten leben noch in freier Wildbahn, in Seen in der Nähe der vietnamesischen Stadt Hanoi. Die Jangtse-Riesenweichschildkröte kann lange Zeit unter Wasser bleiben. Dennoch sind die Tiere durch Bejagung und Wasserverschmutzung beinahe ausgerottet. Man bemüht sich verzweifelt, mehr Individuen der Art in der Natur zu finden; auch die Zuchtbestrebungen halten an. Dazu Rick Hudson, Vorsitzender von Turtle Survival Alliance, die 30 Schildkrötenarten in Gefangenschaft züchtet, um sie später auszuwildern: »Nie stand mehr auf dem Spiel.«

Jangtse-Riesenweichschildkröte, *Rafetus swinhoei* (vom Aussterben bedroht)

Tamarau, *Bubalus mindorensis* (vom Aussterben bedroht)

Die Anzahl der kleinen Büffel, die auf der Philippineninsel Mindoro heimisch sind, ist unaufhaltsam gesunken, seit der Mensch immer weiter in den Lebensraum des Tamaraus vorstößt. Kalibasib, der hier abgebildete Tamarau, ist bislang der einzige Erfolg eines Zuchtprogramms in Gefangenschaft, das seit 1980 durchgeführt wird. Er ist der einzige Tamarau in menschlicher Obhut.

KAPITEL ZWEI

# BEDROHUNG

Als Frédéric Cuvier 1825 die erste formelle Beschreibung des Kleinen Pandas verfasste, erklärte er ihn zum »wahrscheinlich hübschesten Säugetier, das es gibt«. Nichtsdestotrotz hat sich die Spezies mit den dunklen, wissenden Augen vom Scheinwerfer der Wissenschaft kaum erfassen lassen und sich lieber in die Astgabelungen der Baumkronen im Hochwald des Himalaja gekuschelt.

Einzelgängertum und die abgeschiedene Heimat der Pandas erschweren ihr Studium. In seiner taxonomischen Familie ist der Rote Panda mittlerweile allein – auf rauem Terrain. Seine Artverwandten sind ausgestorben, seine Wildpopulation nimmt stetig ab. Schätzungen schwanken zwischen 230 und 1060 Individuen in freier Wildbahn, doch sinkt die Zahl aufgrund der Abholzung der Wälder, die Siedlungen und Landwirtschaft weichen müssen. Aber wie ist es möglich, dass ein Tier, das uns so vertraut scheint, vor unseren Augen verschwindet? Schneller, als dass wir seine Lebensweise vollständig verstehen lernen konnten?

Ausstrahlung allein schützt nicht: Diese bittere Wahrheit erkennen wir auch in den Bemühungen, einige der bekanntesten Geschöpfe der Welt zu bewahren. Viele Tiere in diesem Kapitel sind zwar nicht »berühmt«, doch das sollte keine Rolle spielen. Eine Schnecke, die einzig auf einem schmalen Strand im Indischen Ozean vorkommt und durch Rattengift beinahe ausgerottet wurde. Ein gesprächiger Papagei, der im illegalen Haustierhandel heiß begehrt ist und in Mexikos Wäldern nistet. Eine karibische Echse, die seit ihrer Entdeckung vor 80 Jahren auszusterben droht. Die Spuren, die diese Tiere auf unserem Planeten hinterlassen, mögen immer schwächer werden, aber noch ist Zeit, sie wieder sichtbarer zu machen. ■

**STAND JANUAR 2019:**

# 9032

**TIERARTEN WERDEN ALS STARK GEFÄHRDET EINGESTUFT (IUCN, ROTE LISTE).**

**VORIGE DOPPELSEITE:** Unterart des Tariktik-Hornvogels, *Penelopides panini panini* (stark gefährdet)
**LINKS:** Kleiner Panda, *Ailurus fulgens fulgens* (stark gefährdet)
**RECHTS:** Schopfkapuzineraffe, *Sapajus robustus* (stark gefährdet)

„IST ER SCHON AUSGESTORBEN? ODER GIBT ES NOCH EINE HANDVOLL DIESER FRÖSCHE, DIE SICH HOCH OBEN IN DEN BAUMKRONEN DES WALDES VERSTECKEN? KEINER WEISS ES.

JOEL SARTORE

Wipfelbaumsteiger, *Oophaga arborea* (stark gefährdet)

Dieser winzige Laubfrosch misst in der Breite nur 20 Millimeter und bewohnt die unteren Baumkronenregionen des Nebelwaldes in Panama. Wie viele andere Amphibien läuft auch der Wipfelbaumsteiger Gefahr, sich eine tödlich endende Pilzerkrankung (Chytridiomykose) zuzuziehen.

Kaka, *Nestor meridionalis* (stark gefährdet)

Die immens lautstarken Zusammenkünfte dieser neuseeländischen Papageien veranlassten die einheimischen Maori dazu, ihnen die Spitznamen Quasselstrippen und Klatschtanten zu geben. Heute müssen die Kakas oder Waldpapageien mit invasiven Arten um Nahrung und andere Ressourcen konkurrieren.

Chaco-Pekari, *Catagonus wagneri* (stark gefährdet)

Das Nabelschwein, ein Savannenbewohner Südamerikas, wird von den Einheimischen auch »Taguá« genannt. Es ernährt sich überwiegend von stacheligen Kakteen; dafür rollt es die Pflanze auf dem Boden so lange hin und her, bis keine Stacheln mehr vorhanden sind. Darüber hinaus sind die Nieren der Tiere speziell ans Verdauen der Säure im Kaktusfleisch angepasst.

GESCHÄTZTER MINDESTRÜCKGANG DES GESAMTBESTANDES AN ASIATISCHEN ELEFANTEN ÜBER DREI GENERATIONEN UM ETWA:

# 50%

Asiatischer Elefant, *Elephas maximus* (stark gefährdet)

Obwohl sie etwas kleiner als ihre afrikanischen Verwandten sind, bringen auch Asiatische Elefanten durchaus um die 5400 Kilogramm auf die Waage. Zu Beginn des 20. Jahrhunderts durchstreiften noch fast 100 000 der sanften Riesen die Welt.

Fische aus der Familie der Echten Barsche,
*Etheostoma akatulo* (stark gefährdet)

Die farbenprächtigen Fische bewohnen das mit Sand und Kies gefüllte Flussbett kleinerer Ströme und Zuflüsse des Cumberland River in Tennessee. Die aufgrund von Pestiziden und sauren Grubenwässern immer schlechter werdende Wasserqualität verkleinert ihren ohnehin schon nicht mehr großen Lebensraum noch mehr.

Bartaffe, *Macaca silenus* (stark gefährdet)

Der eindrucksvolle Bartaffe findet sich in den hügeligen immergrünen Wäldern im südwestlichen Indien. Heute gibt es weniger als 4000 Tiere dieser Art, die sich auf kleine, fragmentierte Subpopulationen verteilen.

Halsbandmaki, *Eulemur collaris*
(stark gefährdet)

Diese Lemuren kommen ausschließlich in den Wäldern des südöstlichen Madagaskars vor. Bei ihnen teilen sich Männchen und Weibchen die Führerschaft – im Gegensatz zu den meisten anderen Lemurenarten, deren Populationen nach streng matriarchalischer Hierarchie funktionieren.

# ≈2500

## GESCHLECHTSREIFE INDIVIDUEN IN DER NATUR

**EIN AKROBATISCHES** Aufblitzen grüner Flügel. Ein schriller, lachender Ruf. Eine Gruppe von Papageien, die im Wald gegenseitige Gefiederpflege betreiben. Einst bewohnte der Arasittich ganz Arizona und New Mexico, heute kommt er nur noch in den Gebirgswäldern der mexikanischen Sierra Madre Occidental vor. Der gesellige Vogel nistet in Baumhöhlen, wobei er eine Vorliebe für Spechthöhlen zu haben scheint. Wo immer sich Pinienzapfen finden, tauchen auch ganze Schwärme von Arasittichen auf. Sie knipsen die Zapfen vom Baum, schälen sie sorgfältig, um an die Pinienkerne im Inneren heranzukommen. Doch haben die flächendeckende Rodung in diesem Teil Mexikos und der illegale Haustierhandel einen dramatischen Rückgang im Bestand der Vögel verursacht. Jüngsten Schätzungen zufolge gibt es in freier Wildbahn heute weniger als 2500 geschlechtsreife Arasittiche.

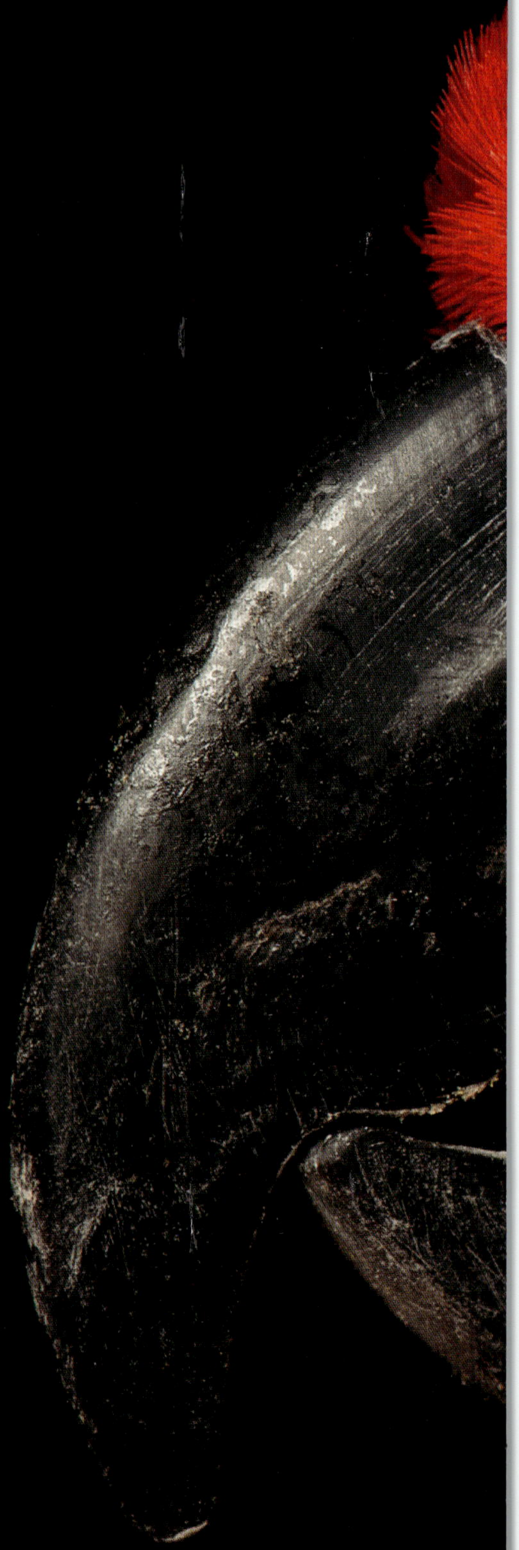

Arasittich, *Rhynchopsitta pachyrhyncha* (stark gefährdet)

Weißnacken-Moorantilope,
*Kobus megaceros* (stark gefährdet)

Die Antilope ist im südlichen Sudan und in Äthiopien heimisch, wo anhaltende militärische Konflikte Mensch und Tier gleichermaßen bedrängen. Die Art ist durch steigende Bejagung und die Fragmentierung des Lebensraums gefährdet.

Grüne Baumschleiche, *Abronia graminea* (stark gefährdet)

Die Echsenart bewohnt die Bromelien in den Nebelwäldern Mexikos. In ihrem Heimatland steht sie unter Schutz, doch leiden die Bestände unter der Nachfrage im weltweiten Haustierhandel.

Fingertier, *Daubentonia madagascariensis* (stark gefährdet)

Das Fingertier oder Aye-Aye hat außergewöhnlich lange und sensible Mittelfinger, mit denen es Insekten aus der Baumrinde holt und Früchte aushöhlt. Zu seinem Unglück besagt ein Aberglaube in seiner Heimat Madagaskar, dass das Tier mit eben jenem Finger den Menschen verfluchen kann, weshalb es getötet wird, wo immer es auftaucht.

Coquerel-Sifaka, *Propithecus coquereli* (stark gefährdet)

Im Gegensatz zu den meisten anderen Lemurenarten, die sich durch Bäume schwingen, springen die Sifakas durch das Baumkronendach, indem sie sich mit ihren muskulösen Hinterbeinen abstoßen. Der Coquerel-Sifaka kann dabei bis zu erstaunliche sechs Meter hoch springen.

**WELTWEIT**

# TOD DURCH PILZ

AMPHIBIEN SIND Geschöpfe des Landes und des Wassers und nehmen lebenswichtige Nährstoffe über ihre dünne, poröse Haut auf. Jeder Schaden, den diese zarte Hülle nimmt, kann tödliche Folgen haben. Deshalb ist Chytridiomykose so verheerend. Die todbringende Krankheit hat in den vergangenen Jahrzehnten bei Hunderten verschiedener Amphibienarten zu einem massiven Sterben geführt, manchmal direkt vor den Augen der Wissenschaftler. Spezies, die im letzten Jahr noch als überlebensfähig galten, können bald schon vor dem Aussterben stehen. Es ist ein Pilz, der den tödlichen Krankheitserreger produziert; dieser verhärtet die Haut und führt letztlich zu Herzversagen. Die Forscher, die sich mit der Erkrankung beschäftigen, machen sie für das Aussterben oder Fast-Aussterben von rund 200 Amphibienarten verantwortlich. Einige Tiere jedoch, darunter der Nordamerikanische Ochsenfrosch, scheinen gegen den Erreger immun zu sein und können so möglicherweise wichtige Hinweise zur Bekämpfung der Krankheit liefern.

**OBERE REIHE, VON LINKS NACH RECHTS:** Panama-Stummelfußfrosch, *Atelopus zeteki* (vom Aussterben bedroht); Andersson-Stummelfußfrosch, *Atelopus palmatus* (vom Aussterben bedroht); Laubfrosch aus der Familie der Beutelfrösche, *Gastrotheca plumbea* (gefährdet) **UNTERE REIHE, VON LINKS NACH RECHTS:** Frosch aus der Ordnung der Froschlurche, *Craugastor tabasarae* (vom Aussterben bedroht); Laubfrosch aus der Familie der Beutelfrösche, *Gastrotheca testudinea* (nicht gefährdet); Frosch aus der Gattung der Stummelfußfrösche, *Atelopus sp. Spumarius complex* (vom Aussterben bedroht)

Iberischer Luchs, *Lynx pardinus* (stark gefährdet)

Im Jahr 2001 gab es in freier Wildbahn nur noch knapp 100 Iberische Luchse oder Pardelluchse. In den vergangenen beiden Jahrzehnten ist es durch Artenschutzbemühungen gelungen, diese Zahl auf 400 wieder zu erhöhen; mittlerweile erkunden die Tiere neue Reviere in Portugal und Spanien.

**„ARTENSCHUTZ IST MENSCHENSACHE. ERST, WENN DER MENSCH DAS PROBLEM VERSTEHT UND ER ERKENNT, WELCHE ROLLE ER BEI DER LÖSUNG SPIELEN KÖNNTE, WERDEN WIR ARTEN ERHALTEN. UND WER EINMAL EINEM NASHORN ODER EINEM OKAPI IN DIE AUGEN GESEHEN HAT, KANN DIESE VERBINDUNG NICHT EINFACH WIEDER LÖSCHEN.**

STEVE SHURTER, GESCHÄFTSFÜHRENDER DIREKTOR, WHITE OAK CONSERVATION

Sperlingsvogel aus der Familie der Neuweltammern, *Ammodramus savannarum floridanus* (nicht gefährdet)

Umwelt- und Artenschützer arbeiteten hart daran, die einzigartige Subspezies, die einst als »am stärksten gefährdeter Vogel der Kontinentalen Vereinigten Staaten« galt, zu retten. Mittlerweile ist der Singvogel durch Erfolg bei Zuchtprogrammen in Gefangenschaft und folgende Auswilderung tatsächlich nicht mehr akut vom Aussterben bedroht.

Vietnamesische Pfauenaugen-Sumpfschildkröte,
*Sacalia quadriocellata* (stark gefährdet)

Die Süßwasserschildkröte hat, wie alle anderen Schildkröten auch, zwei Augen. Die Zeichnung auf ihrem Kopf – sogenannte Ocelli oder Punktaugen – simuliert jedoch vier weitere Augen.

Alabama-Furchenmolch, *Necturus alabamensis*
(stark gefährdet)

Die abnehmende Wasserqualität stellt eine der größten Bedrohungen für den scheuen Molch dar, der im Black Warrior River in Alabama heimisch ist. Da die Tiere durch die Haut atmen, beeinträchtigen saure Grubenwässer sowie landwirtschaftlicher und städtischer Abfall ihre Gesundheit.

Echte Eidechse aus der Gattung der Langschwanz-eidechsen, *Takydromus toyamai* (stark gefährdet)

Das Verbreitungsgebiet der kleinen Eidechse beträgt nur rund 200 Quadratkilometer auf den japanischen Miyako-Inseln. Die Einführung von Wieseln und Pfauen auf den Inseln konfrontierte die Eidechse mit einem bislang unbekannten Fressfeind.

VERRINGERUNG DES BESTANDES DIESER FISCHPOPU-
LATION (URSPRÜNGLICH 6000 INDIVIDUEN) UM

99%

Banggai-Kardinalbarsch, *Pterapogon kauderni* (stark gefährdet)

Die Fische sind im Aquaristikhandel heiß begehrt, und derzeit stammt der Großteil der gehandelten Fische aus Wildpopulationen.

Balabac-Kantschil, *Tragulus nigricans* (stark gefährdet)

Die Schulterhöhe dieses Paarhufers aus der Familie der Hirschferkel beträgt durchschnittlich nur 18 Zentimeter, womit das Balabac-Kantschil das kleinste Huftier der Welt ist. Es wird für sein Fleisch oder für den exotischen Haustierhandel bejagt.

Unterart des Zwergflusspferds,
*Choeropsis liberiensis liberiensis* (stark gefährdet)

Die im Wald heimischen Flusspferde bringen nur etwa zehn Prozent des Gewichts ihrer wesentlich größeren Verwandten, der Nilpferde, auf die Waage. Obwohl die meisten dieser Zwergflusspferde in Parks, Naturschutzgebieten oder Zoos leben, stellt die Wilderei immer noch eine ernsthafte Bedrohung für die Tiere dar.

Weißer Schaufelstör, *Scaphirhynchus albus*
(stark gefährdet)

Diese imposanten Tiere leben schon seit der Zeit der Dinosaurier im Becken des Missouri River. Sie sind statt mit den fischüblichen Schuppen von Knochenplatten bedeckt, wiegen bis zu 36 Kilogramm und können bis zu 100 Jahre alt werden.

# ≈2500

## GESCHLECHTSREIFE INDIVIDUEN IN DER NATUR

**LAUB IST FÜR ZAHLREICHE** Tiere eine nicht gerade bevorzugte Nahrungsquelle. Zellulose ist schwer verdaulich, und viele Nährstoffe liefern Blätter auch nicht. Doch für den Java-Langur, einen kleinen, baumbewohnenden Affen, stellt Blattwerk geradezu ein Festmahl dar. Im Darm des Tieres befinden sich spezielle Bakterien. Die helfen nicht nur bei der Verdauung großer Laubmengen, sondern können aus Blättern auch lebensnotwendige Nährstoffe und Energie für den Java-Langur gewinnen. Die geselligen Affen sind tagaktiv und verbringen Stunden damit, gegenseitige Fellpflege zu betreiben sowie nach Futter zu suchen, während der Nachwuchs miteinander spielt. Der Java-Langur kam einst in den Dschungeln auf der gesamten indonesischen Insel vor, doch mit der Abholzung der Regenwälder ziehen die Tiere sich immer mehr in fragmentierte Bergwälder zurück und leben heute überwiegend in geschützten Gebieten. Die Vorliebe der Affen für Blätter verheißt auch Gutes für andere Bewohner des Regenwalds: Indem wir die tropische Heimat der Java-Languren schützen, helfen wir gleichzeitig auch anderen Arten.

Unterart des Java-Languren, *Presbytis comata comata* (stark gefährdet)

Marianen-Fruchttaube, *Ptilinopus roseicapilla*
(stark gefährdet)

Die invasive Braune Nachtbaumnatter macht vielen Arten, darunter auch der Marianen-Fruchttaube, schwer zu schaffen. Die Tauben sind aus ihrem ursprünglichen Verbreitungsgebiet auf Guam bereits verschwunden und weiterhin stark gefährdet, da sich die räuberische Schlange auch auf anderen Inseln ansiedelt.

Panay-Borkenratte, *Crateromys heaneyi*
(stark gefährdet)

Die baumbewohnenden Ratten kommen ausschließlich auf der indonesischen Insel Panay vor. Ihr langer, buschiger Schwanz macht etwa die Hälfte ihrer Körperlänge aus.

Java-Banteng, *Bos javanicus javanicus* (stark gefährdet)

Derzeit schätzt man die Bantengpopulation der gesamten Spezies auf etwa 8000 Individuen. Mehr als die Hälfte von ihnen bildet eine Subpopulation in Kambodscha; der Rest verteilt sich auf kleinere Populationen in Java, Thailand und Malaysia.

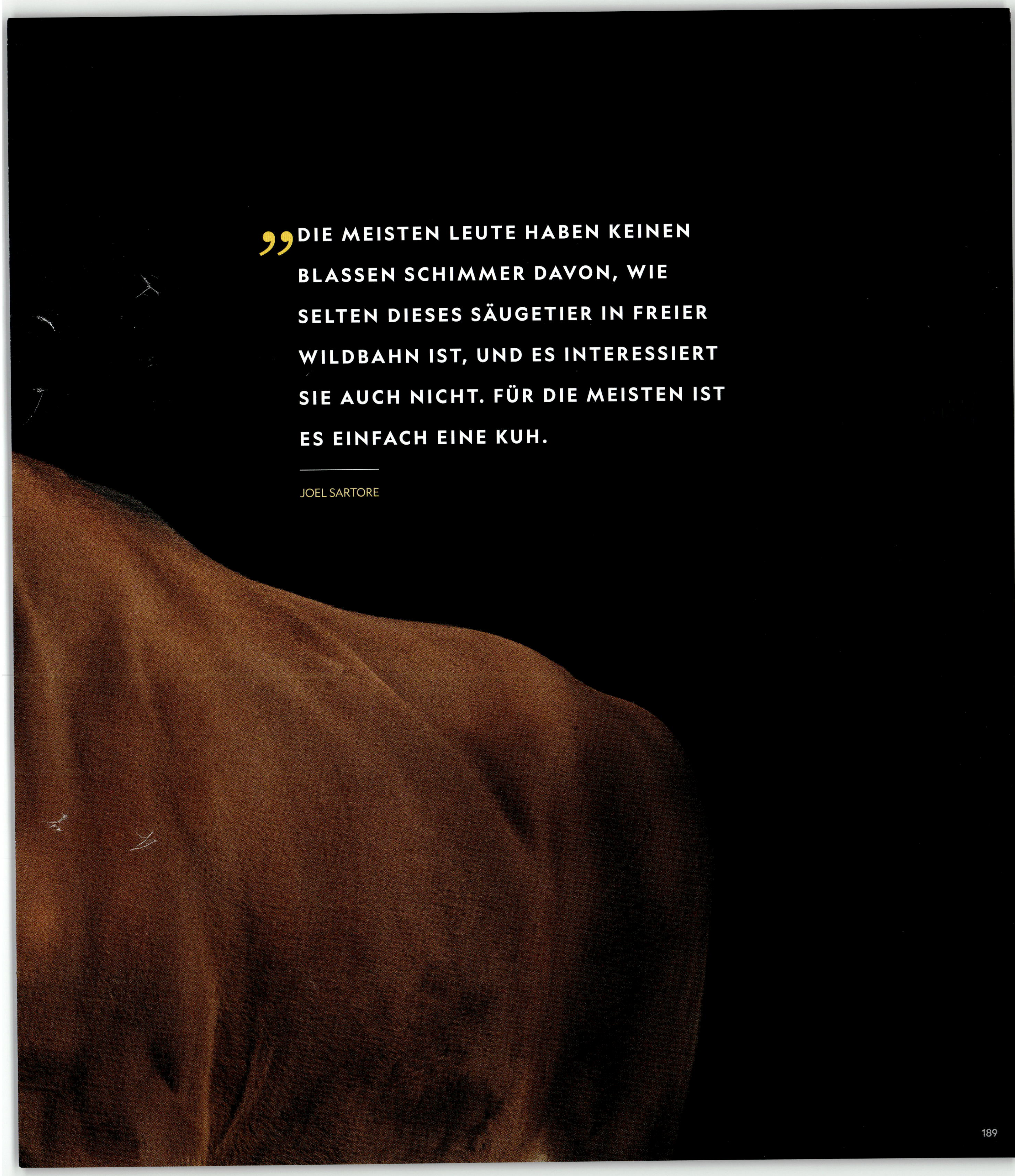

„DIE MEISTEN LEUTE HABEN KEINEN BLASSEN SCHIMMER DAVON, WIE SELTEN DIESES SÄUGETIER IN FREIER WILDBAHN IST, UND ES INTERESSIERT SIE AUCH NICHT. FÜR DIE MEISTEN IST ES EINFACH EINE KUH.

JOEL SARTORE

Kamtschatka-Seeohr, *Haliotis kamtschatkana*
(stark gefährdet)

Die Überfischung hat die Populationsdichte dieser Pazifik-Meeresschnecke derart dezimiert, dass es in freier Wildbahn nicht mehr genügend Individuen gibt, um den Fortpflanzungserfolg der Art zu garantieren. Ohne das Eingreifen des Menschen ist die Spezies zum Aussterben verdammt.

Goldkopflöwenäffchen, *Leontopithecus chrysomelas*
(stark gefährdet)

Der ausschließlich im südlichen Brasilien vorkommende kleine Affe lebt gemeinhin in überschaubaren Familienverbänden. Sowohl Männchen als auch Weibchen leben monogam, sie teilen sich die Aufzucht ihres Nachwuchses.

KEIN INDIVIDUUM IN FREIER WILDBAHN
MEHR GESICHTET (BIS 2002), SEIT DEM JAHR

# 1935

Birmesische Dachschildkröte, *Batagur trivittata*
(stark gefährdet)

Fast 70 Jahre waren seit der letzten dokumentierten Sichtung vergangen, als Wissenschaftler im Jahr 2002 mehrere Birmesische Dachschildkröten in einem Tempelteich entdeckten.
Aus dieser kleinen Population züchtete man über 300 Individuen der Art, die nun schrittweise wieder ausgewildert werden.

Gemeiner Schimpanse, *Pan troglodytes* (stark gefährdet)

Der genetische Code der Schimpansen stimmt zu fast 99 Prozent mit dem des Menschen überein. Die geselligen Affen weisen viele unserer typischen Merkmale auf, vom Werkzeuggebrauch bis zur Sprache. Der erste Versuch, Schimpansen für die Photo Ark zu fotografieren, wurde vom Modell selbst vereitelt, das einen Blick in das vorbereitete »Studio« warf und sich umgehend mit der Hintergrundabhängung aus dem Staub machte.

# ≈2250

## INDIVIDUEN LEBEN NOCH IN DER NATUR

**DAS VOLK DER KANAK** in Neukaledonien nennt den Kagu den »Geist des Waldes«. Der flugunfähige Vogel mit dem grauen Gefieder und der Vorliebe für dichte Wälder erinnert im Aussehen an einen Reiher und durchstreift sein Revier im Morgengrauen mit lautem Bellen und leiseren Zischlauten. Der Schnabel des Kagus ist einzigartig: Die Nasenlöcher sind mit »Nasenkörnern« – ähnlich wie beim Falken – ausgestattet; vermutlich sollen sie Schmutzpartikel fernhalten, wenn der Vogel in Staub und Erde nach Würmern, Insekten, Schnecken und Eidechsen gräbt. Die Vögel gehen langfristige Partnerschaften ein, paaren sich möglicherweise sogar fürs Leben. Die Eltern wechseln sich beim Bebrüten der Eier und bei der Aufzucht der Küken ab, die Jungvögel bleiben bis zu sechs Jahre lang im elterlichen Revier. Wie viele inselbewohnende Arten hat auch der Kagu sehr unter der Ankunft europäischer Siedler und deren mitgebrachten, nicht einheimischen Säugetieren gelitten. Auch Schweine und Hunde sind Beutegreifer, und die letzte Schätzung der Population geht davon aus, dass es mittlerweile kaum mehr als 2000 Kagus in der Natur gibt. Dennoch sind die Wissenschaftler hinsichtlich der Zukunft des Vogels voller Hoffnung: Dekaden erfolgreicher Zuchtprogramme in Gefangenschaft haben dazu geführt, dass zahlreiche Tiere wieder ausgewildert werden konnten, und durch die Eindämmung der Fressfeinde erholen sich einige lokale Populationen heute wieder. Der Kagu mag der »Geist des Waldes« sein, doch dank anhaltender Artenschutzbemühungen ist er alles andere als ein Phantom.

Kagu, *Rhynochetos jubatus* (stark gefährdet)

Napoleon-Lippfisch, *Cheilinus undulatus* (stark gefährdet)

Diese Fische ernähren sich überwiegend von Seesternen, Seehasen und Mollusken und können mit dieser Kost bis zu 180 Kilogramm schwer werden. Einige von ihnen wechseln im Laufe ihres Lebens das Geschlecht: Während sie ihre Jugend als Weibchen verbringen, sind sie im späteren Erwachsenenleben Männchen.

Rothund, *Cuon alpinus* (stark gefährdet)

Zwar gehört der Rothund zu den Hundeartigen, ist aber einzigartig, da er in keine der wichtigsten Unterfamilien ganz passt. Allerdings ist er wie andere Hunde auch ein sehr soziales Tier: Rothunde jagen im Rudel und verständigen sich dabei teilweise auch durch Pfiffe und Klicklaute.

Numbat, *Myrmecobius fasciatus* (stark gefährdet)

Heute verbleiben in freier Wildbahn weniger als 1000 der kleinen australischen Beuteltiere. Es waren Rotfuchs und Hauskatze, die der Population der Numbats oder Ameisenbeutler schwer zusetzten.

Schwarzfußiltis, *Mustela nigripes* (stark gefährdet)

Nachdem er in den 1980er-Jahren fast ausgestorben war, hat sich der Schwarzfußiltis eindrucksvoll erholt. Nur 18 Individuen hatte man aus den letzten bekannten Wildpopulationen in menschliche Obhut zu Zuchtzwecken genommen – heute gibt es den Schwarzfußiltis wieder zu Hunderten, auch in freier Wildbahn.

**„WIR MÜSSEN WACHSAM SEIN, DENN DIE ZUKUNFT DER TIERE UND DER NATUR LIEGT IN UNSERER HAND.**

JAMIE RAPPAPORT CLARK, VORSITZENDE UND GESCHÄFTSFÜHRERIN DER US-AMERIKANISCHEN GEMEINNÜTZIGEN TIERSCHUTZORGANISATION DEFENDERS OF WILDLIFE

WELTWEIT

# VOLKSHEILKUNDE

SEIT LANGEM verlässt sich der Mensch beim Lindern von Beschwerden und Heilen von Krankheiten auf Tiere und Pflanzen, viele moderne Medikamente haben ihre Wurzeln in der Natur. Doch hat die stetig steigende Nachfrage nach Volksheilmitteln, deren medizinischer Nutzen nicht im Geringsten bewiesen ist, zahlreiche Arten, darunter das Chinesische Schuppentier, das Ostafrikanische Spitzmaulnashorn und den Nasenaffen, an den Rand des Aussterbens gebracht. Experten zufolge wurden in den Dschungeln Asiens und Afrikas in nur einem Jahrzehnt über eine Million Schuppentiere gefangen, um die Nachfrage auf dem chinesischen und vietnamesischen Markt nach den pulverisierten Schuppen des Tiers zu stillen, die bei Rheumatismus, Hauterkrankungen und sogar Krebs (alles nicht wissenschaftlich nachweisbar) helfen sollen. Viele Artenschützer glauben, die chinesische Regierung könne den Handel mit den seltenen Kreaturen durch das Verbot von Schuppentierprodukten eindämmen, ebenso wie beim Elfenbeinhandel im Jahr 2017. Damals waren die Nachfrage nach und der Verkauf von Elfenbein innerhalb eines Jahres stark zurückgegangen.

**OBERE REIHE, VON LINKS NACH RECHTS:** Schmutzgeier, *Neophron percnopterus* (stark gefährdet); Art aus der Gattung der Seepferdchen, *Hippocampus erectus* (gefährdet); Weißbauchschuppentier, *Phataginus tricuspis* (gefährdet) **UNTERE REIHE, VON LINKS NACH RECHTS:** China-Alligator, *Alligator sinensis* (vom Aussterben bedroht); Nasenaffe, *Nasalis larvatus* (stark gefährdet); Axolotl, *Ambystoma mexicanum* (vom Aussterben bedroht); Ostafrikanisches Spitzmaulnashorn, *Diceros bicornis michaeli* (vom Aussterben bedroht)

Laos-Warzenmolch, *Laotriton laoensis* (stark gefährdet)

Die Molche legen ihre Eier zur Bebrütung zwischen toten Blättern am Boden kleiner Wasserbecken in Bächen und Strömen ab.

Gebirgs-Gelbschenkelfrosch, *Rana muscosa*
(stark gefährdet)

Diese Frösche sind in den Seen und Teichen der kalifornischen Sierra Nevada heimisch. Nicht heimisch ist dort eine Forellenart, die zum Sportfischen eingeführt wurde und die Population des Gebirgs-Gelbschenkelfroschs in über 99 Prozent seines einstigen Verbreitungsgebiets vernichtet hat.

Matschie-Baumkänguru, *Dendrolagus matschiei* (stark gefährdet)

Für die mittlerweile auf nur ein Prozent ihres ursprünglichen Verbreitungsgebiets beschränkten Baumkängurus wurde das erste Naturschutzgebiet in Papua-Neuguinea eingerichtet. Dennoch führen Wilderei und die Abholzung der Wälder nach wie vor zu abnehmenden Beständen.

Marchs Palmlanzenotter, *Bothriechis marchi*
(stark gefährdet)

Den auf dem honduranischen Festland vorkommenden Schlangen machen die abnehmenden Amphibienpopulationen, von denen sie sich überwiegend ernähren, schwer zu schaffen. Die Amphibien fallen einer Pilzerkrankung und dem Verlust ihres Lebensraums zum Opfer – und mit ihrer Beute verschwindet auch die Palmlanzenotter.

„WARUM WIR AUCH SCHLANGEN SCHÜTZEN SOLLTEN? WEIL WIR UNS OHNE SIE VOR NAGETIEREN KAUM RETTEN KÖNNTEN.

JOEL SARTORE

# ≈7700

## INDIVIDUEN GIBT ES NOCH IN DER NATUR

**SOGAR DIE KLEINSTEN** Geschöpfe haben große Geschichten zu erzählen. Die Geschichte der winzigen *Pachnodus fregatensis*, einer Schnecke, die an der Küste einer winzigen Seychelleninsel (Frégate) lebt, nach der sie benannt ist, versuchen Wissenschaftler noch immer zu enträtseln. Im Jahr 2001 hatte man auf der Insel Giftköder ausgelegt, um invasive Ratten loszuwerden, und damit die Schnecken beinahe mit ausgerottet. Die Population sank innerhalb von zwei Jahren um dramatische 87 Prozent. Jetzt, da die Ratten verschwunden sind und Rattengift nicht mehr nötig ist, hoffen die Wissenschaftler darauf, dass sich der Bestand wieder erholt. Derzeit schätzt man ihn jüngsten Untersuchungen (Stand 2005) zufolge auf 7700 Individuen. Die Schnecke ist zwar selten, könnte sich jedoch nichtsdestotrotz zu einer wahren Attraktion entwickeln: Die Insel Frégate befindet sich in Privatbesitz und ist nur wohlhabenden Touristen zugänglich. Und ein Hauptpunkt, mit dem man für einen Besuch der Insel wirbt, ist der Schutz einheimischer Tiere. Selbst der kleinsten.

Schnecke aus der Unterordnung der Landlungenschnecken, *Pachnodus fregatensis* (stark gefährdet)

Vulkankaninchen, *Romerolagus diazi*
(stark gefährdet)

Sein Name ist Programm – Das Habitat dieses Kaninchens beschränkt sich auf vier Vulkanlandschaften in Mexiko: Popocatépetl, Iztaccíhuatl, El Pelado und Tlaloc.

Calamian-Hirsch, *Axis calamianensis* (stark gefährdet)

Im Gegensatz zu anderen Hirscharten, die Hindernisse mit einem Sprung überwinden, senkt der Calamian-Hirsch den Kopf und bricht wie ein Wildschwein brachial durchs Unterholz.

ANZAHL DER BEI STRASSENUN-
FÄLLEN GETÖTETEN TIERE, JÄHRLICH:

# 2.000

Tasmanischer Teufel, *Sarcophilus harrisii* (stark gefährdet)

Obwohl auch Straßen gefährlich sind, besteht die wahre Bedrohung des Tasmanischen Teufels (auch Beutelteufel) in der tödlich verlaufenden Devil Facial Tumor Disease (DFTD), einer infektiösen Geschwulsterkrankung. Die Erkrankung wurde 1996 im Nordosten Tasmaniens erstmals festgestellt, und bisher haben Wissenschaftler keine Behandlungs- oder Heilmöglichkeit gefunden.

Zwergchamäleon aus der Unterfamilie der Stummelschwanzchamäleons, *Brookesia minima* (stark gefährdet)

Das Zwergchamäleon gehört zu den kleinsten Reptilien der Welt. Die Tiere werden kaum größer als ein menschlicher Fingernagel. Durch seine geringe Größe ist das Zwergchamäleon für Habitatveränderungen im madagassischen Wald besonders anfällig.

Germain-Langur, *Trachypithecus germaini* (stark gefährdet)

Über diese kambodschanischen Languren weiß man bislang wenig – noch ist sogar umstritten, ob sie überhaupt eine eigenständige Spezies bilden. Der Verlust des Lebensraums durch Rodung dezimiert die Population, was die Erforschung der Tiere zusätzlich erschwert.

Unterart des Südafrika-Kronenkranichs,
*Balearica regulorum gibbericeps* (stark gefährdet)

Die eleganten Vögel springen, verbeugen sich, laufen, schlagen mit den Flügeln und tanzen ausgefeilteste Balztänze, wie es Ballerinen anmutiger nicht tun könnten. Mit diesem Verhalten wollen die Vögel die Aufmerksamkeit potenzieller Partner erregen; zudem dient es der Kommunikation untereinander.

Riesenotter, *Pteronura brasiliensis* (stark gefährdet)

Die südamerikanischen Flussotter werden zweimal so groß wie ihre nordamerikanischen Verwandten und können bis zu 32 Kilogramm schwer werden. Durch ihre Größe haben sie nur wenige natürliche Feinde – die einzigen Beutegreifer, die Jagd auf sie machen, sind Jaguar und Puma.

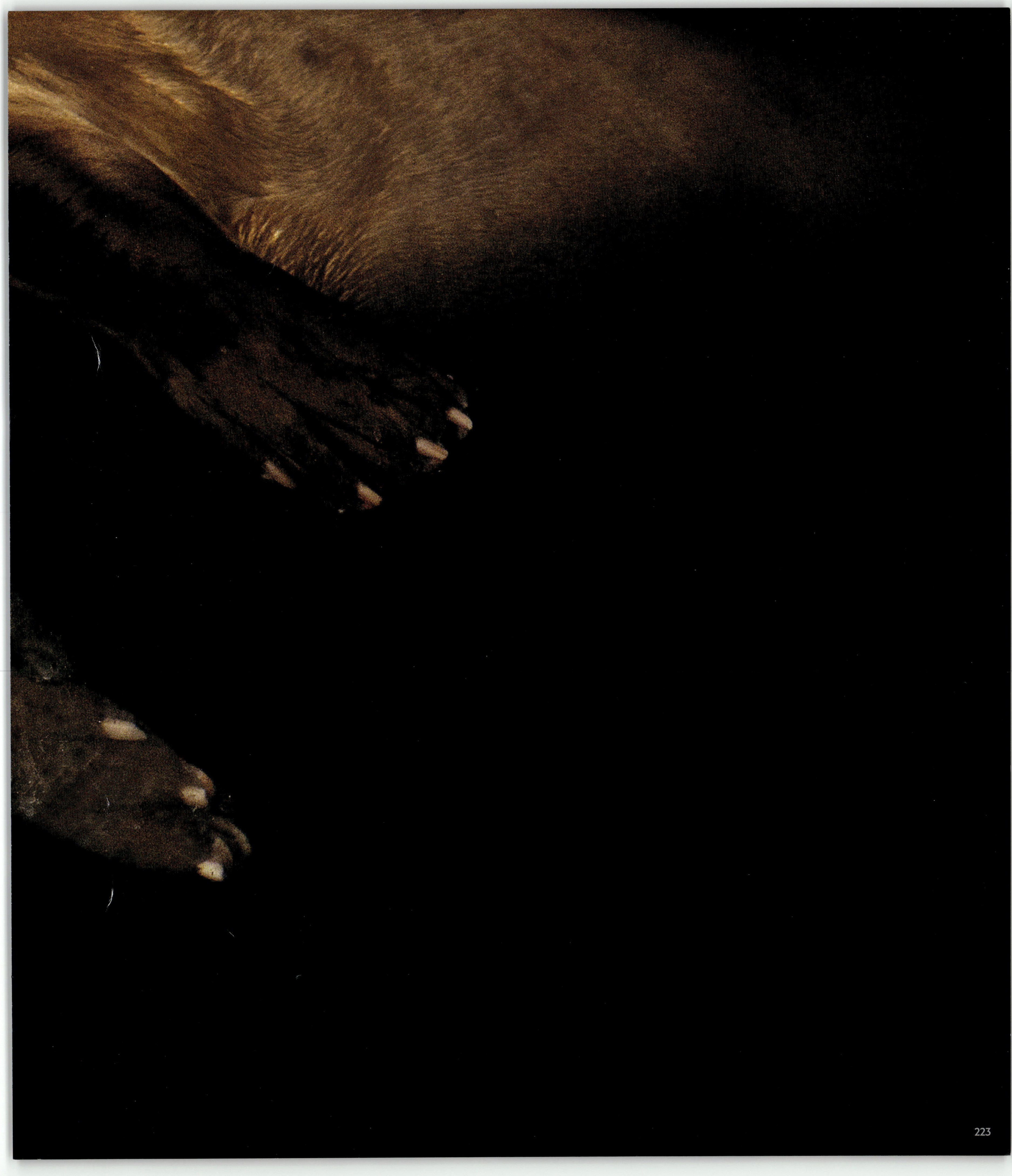

ANZAHL DER SAKERFALKEN, DIE JÄHRLICH FÜR DIE FALKNEREI GEFANGEN WERDEN:

# 8400

Sakerfalke, *Falco cherrug* (stark gefährdet)

In der Mongolei wurden kürzlich über 5000 künstliche Nistplätze eingerichtet, um die Vermehrung der noch frei lebenden Tiere zu fördern. Der Vogel im Bild trägt eine Haube, wie es in der Falknerei üblich ist, um die Tiere während des Transports ruhig zu stellen.

Unterart der Gila-Forelle, *Oncorhynchus gilae gilae* (stark gefährdet)

Buschbrände sind auch für unter Wasser lebende Tiere gefährlich. Nach langwierigen Bemühungen, die Gila-Forelle zu schützen, löschte die Asche eines Buschbrands in New Mexico im Jahr 2012, die durch Löschbemühungen und nachfolgende Regenfälle in die Flüsse gespült wurde, beinahe die gesamte Süßwasserspezies aus.

Grevyzebra, *Equus grevyi* (stark gefährdet)

Einst reichte ihr Verbreitungsgebiet von Kenia bis nach Somalia und Äthiopien, heute sind die Grevyzebras auf kleine Populationen in Kenia und Äthiopien beschränkt. Die geselligen Tiere trifft man oft in der Nähe anderer Kreaturen an, häufig sind das Gnus, Strauße und Antilopen.

Afrikanische Wildhunde, *Lycaon pictus* (stark gefährdet)

Die Tiere gehören zu den potentesten Beutegreifern Afrikas; sie arbeiten kooperativ in Rudeln zusammen, um große Pflanzenfresser wie Gazellen und Gnus zu reißen. Zu ihren größten Bedrohungen gehören die Fragmentierung des Lebensraums sowie das durch Menschen erhöhte Risiko ansteckender Krankheiten.

Kapgeier, *Gyps coprotheres* (stark gefährdet)

Wenn Farmer Viehköder mit Gift versehen, um große Beutegreifer zu töten, gehören die Kapgeier häufig zu den ersten Opfern dieser List, denn die Aasfresser versammeln sich oft in Scharen zu einer gemeinsamen Mahlzeit an verendeten Tieren.

# ≈36 000

## GESCHLECHTSREIFE INDIVIDUEN GIBT ES NOCH IN DER NATUR

**DAS GRÖSSTE NAGETIER** Madagaskars ist ausgesprochen familienorientiert. Junge männliche Votsotsas (Madagassische Riesenratten) leben ein Jahr lang bei Eltern und Geschwistern, bevor sie sich ihr eigenes Revier suchen. Die jungen Weibchen bleiben sogar zwei Jahre bei der Familie. Die adulten Tiere, die ungefähr so groß wie Kaninchen werden, paaren sich fürs Leben. Anschließend kümmern sich auch die Männchen aktiv um den Nachwuchs und folgen ihm etwa, wenn er den elterlichen Bau verlässt, um ihn vor Beutegreifern zu schützen. Allerdings haben Jahrhunderte menschlicher Besiedlung den Lebensraum der Votsotsas stark eingeschränkt und die Einführung neuer Beutegreifer nach sich gezogen, darunter beispielsweise verwilderte Hunde. Zudem hat der Klimawandel in den vergangenen Dekaden dazu geführt, dass das Verbreitungsgebiet der Ratten immer arider wurde. Zum Glück lebt der Großteil der heutigen Population in einem geschützten Gebiet und das seit Jahrzehnten existierende Zuchtprogramm des Durrell Wildlife Conservation Trust, der auf der Kanalinsel Jersey einen zoologischen Garten betreibt, verzeichnet stetige Erfolge.

Votsotsa, *Hypogeomys antimena* (stark gefährdet)

# KAFFEE KOSTET

WIE HOCH ist der Preis für eine Tasse Kaffee wirklich? Die Tiere, die in den tropischen Regenwäldern Lateinamerikas heimisch sind, bezahlen dafür zunehmend mit ihrem Leben. Denn unsere weltweit verbreitete Abhängigkeit von Kaffee zerstört ihren Lebensraum in alarmierender Geschwindigkeit, da Kaffeeproduzenten jährlich zigtausend Hektar des üppig grünen Habitats für riesige Kaffeeplantagen roden lassen. Einen besonders hohen Preis zahlen solche Tiere, die auf weitläufige Reviere und intakte Wälder angewiesen sind. Im Zeitraum 1970–1999 beispielsweise sanken die Bestände von Zugvögeln, die den Winter in den Tropen verbringen, drastisch – zur exakt selben Zeit wurden zugunsten von Kaffeeplantagen ganze Wälder in Kolumbien abgeholzt. Das Land gehört zu den führenden Exporteuren des schwarzen Goldes auf der Welt und beherbergt über 1900 verschiedene Vogelarten.

**OBERE REIHE, VON LINKS NACH RECHTS:** Geoffroy-Klammeraffe, *Ateles geoffroyi* (stark gefährdet); Goldwangen-Waldsänger, *Setophaga chrysoparia* (stark gefährdet); Langschwanzkatze, *Leopardus wiedii* (potenziell gefährdet) **UNTERE REIHE, VON LINKS NACH RECHTS:** Tigerkatze, *Leopardus tigrinus* (gefährdet); Blaulappenhokko, *Crax alberti* (vom Aussterben bedroht); Guatemala-Brüllaffe, *Alouatta pigra* (stark gefährdet); Goldscheitelsittich, *Aratinga auricapillus* (potenziell gefährdet)

Kolumbien-Kapuzineraffe, *Cebus versicolor* (stark gefährdet)

Der Bestand des – wie der Name verrät – in Kolumbien heimischen Tieres hat in den vergangenen 48 Jahren um mehr als 50 Prozent abgenommen. Schuld daran sind die vielfältigen Bedrohungen, denen sein natürlicher Lebensraum ausgesetzt ist.

Silbergibbon, *Hylobates moloch*
(stark gefährdet)

Die oberen Baumkronenregionen des Regenwalds auf der indonesischen Insel Java, in denen der Silbergibbon zu Hause ist, verschwinden immer mehr – und sie verschwinden schnell. Abholzung und Landwirtschaft haben den Lebensraum des Primaten radikal reduziert und die verbleibende Population stark fragmentiert.

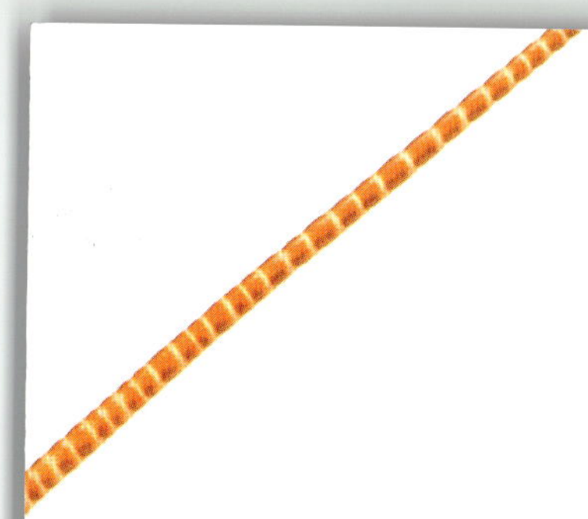

> **„MEIN JOB IST DIE WISSENSCHAFT. EBENSO WICHTIG ABER IST ES, ZUKÜNFTIGEN UMWELT- UND ARTENSCHÜTZERN DIE WISSENSCHAFT NAHEZUBRINGEN. MEHR ARTENSCHÜTZER FÜHREN NÄMLICH ZU MEHR SCHUTZBEMÜHUNGEN UND DAMIT ZU MEHR ANERKENNUNG FÜR DIE TIERE.**

ZACHARY LOUGHMAN, LEHRBEAUFTRAGTER FÜR BIOLOGIE UND ZOOWISSENSCHAFT SOWIE KOORDINATOR FÜR ANGEWANDTE NATURSCHUTZBIOLOGIE, WEST LIBERTY UNIVERSITY

Art aus der Familie der Flusskrebse, *Cambarus veteranus* (ungenügende Daten)

Das kleine Krebstier wurde im Jahr 2016 als stark gefährdet gelistet. Dem im Guyandotte River im südlichen West Virginia heimischen Flusskrebs setzt vor allem der örtliche Bergbau zu, bei dem regelmäßig Gipfel abgesprengt werden. Durch Sedimente werden seine heimatlichen Gewässer stark verschmutzt.

Südamerikanischer Baumsteigerfrosch der Gattung Ameerega, *Ameerega silverstonei* (stark gefährdet)

Dem kleinen Frosch aus dem peruanischen Nationalpark Cordillera Azul mag es an dem intensiven Gift anderer Baumsteiger- oder Pfeilgiftfrösche mangeln. Dennoch will er mit seiner leuchtenden Farbgebung Beutegreifern signalisieren, dass er ungenießbar ist.

Schrecklicher Pfeilgiftfrosch, *Phyllobates terribilis* (stark gefährdet)

Der Name sagt es schon: Der kleine Frosch gilt als das giftigste Geschöpf auf Erden. Ein einziger Schrecklicher Pfeilgiftfrosch besitzt in seinem Körper genügend Gift, um zehn erwachsene Männer zu töten. Die Männchen tragen den Nachwuchs auf ihrem Rücken vom Waldboden zum Wasser, wo er die Kaulquappenphase durchläuft. Diese Froschart lebt in einem sehr begrenzten Areal in Flussnähe (Rio Saija) nahe der Pazifikküste Kolumbiens.

# ≈2500

## GESCHLECHTSREIFE INDIVIDUEN IN FREIHEIT

**IN DEN SÜMPFEN** Sumatras, Borneos und der Malaiischen Halbinsel streift eine Katze in der Größe einer kleinen Hauskatze durch die tropischen Feuchtgebiete. Die Flachkopfkatze ist klein, aber ausgesprochen wehrhaft; mit ihren mit Schwimmhäuten ausgestatteten Pfoten fängt sie schlüpfrige Fische, mit ihren spitzen Zähnen trägt sie die Beute davon. Ebenso wie ihre nahe Verwandte, die Fischkatze, ist auch die Flachkatze ausgezeichnet an ein Leben am Wasser angepasst. Neben den Schwimmhäuten und dem kräftigen Kiefer tragen auch die nah beieinanderstehenden Augen dazu bei, mit denen sie ihre Unterwasserbeute – auch Krebse und Amphibien – mühelos erspähen und anschließend fangen kann. Allerdings benötigt die Flachkopfkatze ein spezifisches Habitat zum Überleben. Ihre bevorzugten Feuchtgebiete werden immer rascher trockengelegt oder für die Landwirtschaft beziehungsweise für menschliche Siedlungen erschlossen. Über die wasserliebenden Katzen selbst wissen Forscher noch wenig, doch die Verschmutzung der tropischen Gewässer Asiens ist gut dokumentiert und löst Alarm für diese seltene und geheimnisvolle Spezies aus.

Flachkopfkatze, *Prionailurus planiceps* (stark gefährdet)

Art aus der Gattung der Chamäleons, *Furcifer minor* (stark gefährdet)

Im Gegensatz zu den meisten anderen Chamäleons sind die weiblichen Tiere dieser Art auffälliger gefärbt als die Männchen (von denen eines unten im Bild zu sehen ist), insbesondere während der Paarungszeit. Eigentlich sind Chamäleons überwiegend Waldbewohner, doch ist diese Spezies auch immer häufiger auf landwirtschaftlich genutzten Flächen und in anderen vom Menschen veränderten Landschaften anzutreffen.

Helmhokko, *Pauxi pauxi* (stark gefährdet)

Der »Helm« des Vogels ist eigentlich ein Hornaufsatz. Zur Paarungszeit verstärken die männlichen Helmhokkos damit ihre tiefen, dröhnenden Rufe.

IM LAUFE VON LEDIGLICH DREI GENERATIONEN IST DIE POPULATION DIESER ART GESUNKEN UM UNGEFÄHR:

# 57%

Australischer Seelöwe, *Neophoca cinerea* (stark gefährdet)

Viele Jahre lang wurden Seelöwen und andere Meeressäuger bejagt, hauptsächlich, aber nicht nur, für ihr Fleisch. Mittlerweile steht der Australische Seelöwe zwar unter Schutz, doch muss sich die Population erst noch erheblich erholen, wenn sie wieder die Größe aus vorkolonialer Zeit annehmen will.

Unterart des Ährenträgerpfaus, *Pavo muticus muticus* (stark gefährdet)

Der Ährenträgerpfau (auch Grüner Pfau) ist mit dem bekannteren Blauen Pfau verwandt und war in ganz Südostasien einst weitverbreitet. Infolge der Abholzung der Wälder und der Bejagung schrumpfte die Population – insbesondere die Männchen werden ihrer wunderschönen Schwanzfedern wegen gnadenlos verfolgt.

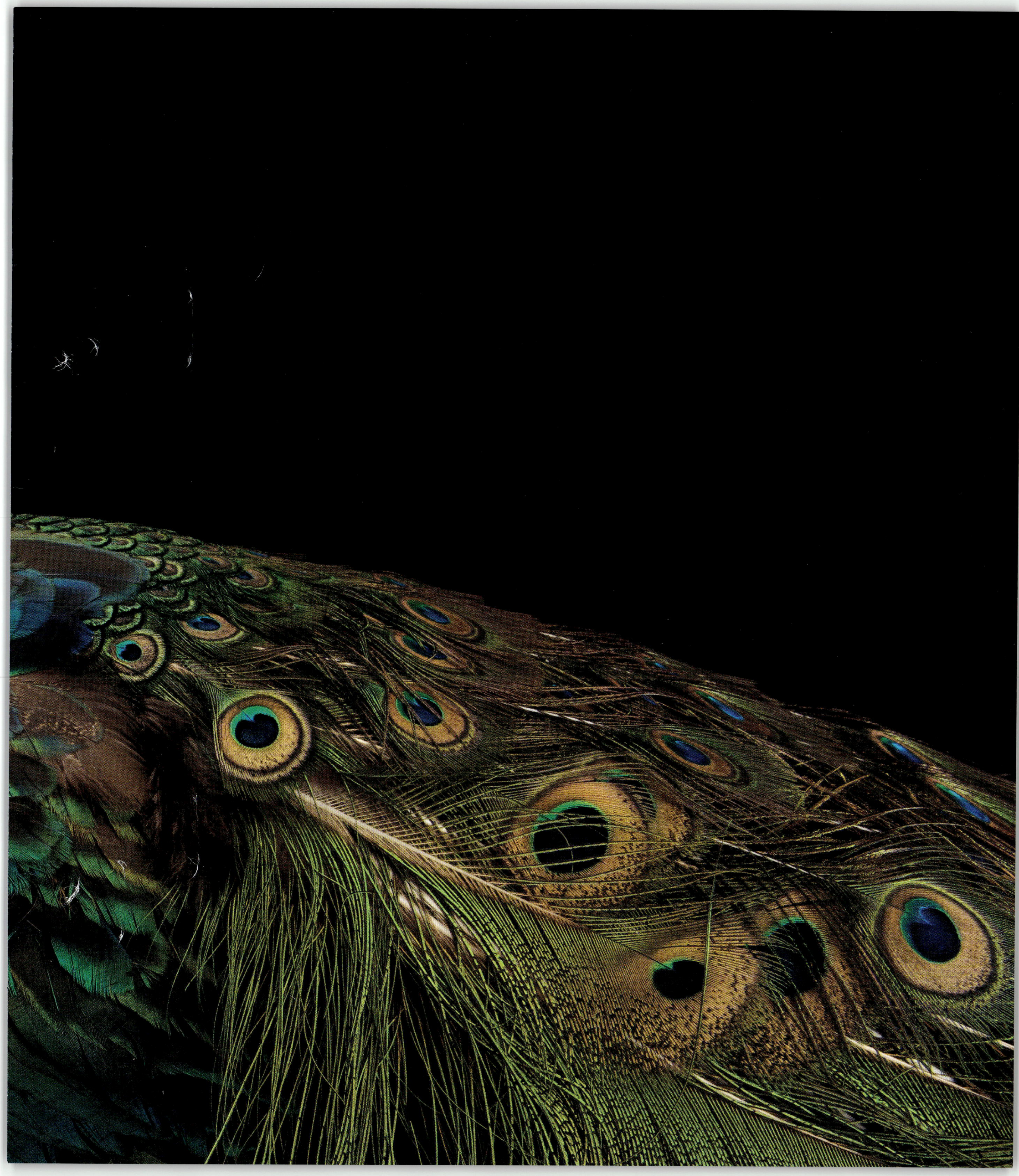

Weißnackenmangabe, *Cercocebus lunulatus*
(stark gefährdet)

Bis zum Jahr 2008 galt die Art als Subspezies der Rußmangabe *(Cercocebus atys)*. Heute hat man genauere Angaben: Beide Primaten sind zwar nah miteinander verwandt, bewohnen allerdings verschiedene Lebensräume und weisen zudem deutliche körperliche Unterschiede auf.

Blauer Leguan, *Cyclura lewisi* (stark gefährdet)

# ≈600

## GESCHLECHTSREIFE INDIVIDUEN LEBEN NOCH IN FREIER WILDBAHN UND IN MENSCHLICHER OBHUT

**MIT SEINEM KAMM** kleiner Dornen auf dem Rücken und der besonders während der Paarungszeit lebhaften Farbgebung ist der Blaue Leguan ebenso eindrucksvoll wie die karibischen Gewässer um seine Heimat, die Insel Grand Cayman, wo er endemisch ist. Doch steht der Blaue Leguan schon seit seiner Entdeckung im Jahr 1940 am Rand des Aussterbens. Er ist konstant von Beutegreifern, vor allem von verwilderten Katzen und Hunden, bedroht; die jahrzehntelange Landerschließung hat sein Territorium auf weniger als 26 Quadratkilometer beschränkt. Nichtsdestotrotz hat sich der Blaue Leguan als überraschend widerstandsfähig herausgestellt: Durch mehrere Zuchtprogramme in Gefangenschaft ist es gelungen, junge Tiere aufzuziehen und wieder auszuwildern. Auch die Frage des Grundbesitzes scheint das Reptil nicht weiter zu kümmern, denn es passt sich seinem veränderten Habitat nun mühelos an. Das mag vielversprechend sein, dennoch bemühen sich Umwelt- und Artenschützer weiter verzweifelt um geschützte Ansiedlungsgebiete – ohne diese bleibt die Zukunft der Spezies ungewiss.

KAPITEL DREI

# RISIKO

In einem hell erleuchteten Raum wirkt das plötzliche Ausschalten des Lichts wie ein Schock. Betätigt man jedoch langsam den Dimmer, finden Veränderungen fast unmerklich statt. So auch im Tierreich. Populationen können in wenigen, kurzen Jahren drastisch zurückgehen oder in Jahrzehnten stetig abnehmen. Ob sich der Niedergang plötzlich oder ganz allmählich ereignet – wird er bedenklich, schlagen Experten Alarm.

Für die Schnee-Eule war es im Jahr 2017 soweit. Viele Jahre lang okkupierte der gelbäugige Wächter der arktischen Tundra einen relativ sicheren Platz auf der Roten Liste der IUCN, die ihn als nicht gefährdet einstufte. Die Spezies hatte einige Vorstöße in die östlichen Vereinigten Staaten unternommen, wo sie an Flughäfen und Stränden (bis hinunter nach Florida) auftauchte. Doch während die Eule Schlagzeilen machte, beobachteten Wissenschaftler die Entwicklung der Population mit zunehmender Besorgnis. Am meisten Sorgen bereitete ihnen der Einfluss eines immer wärmer werdenden Planeten: Immer frühere Frühlingssaisons, zu früh schmelzender Schnee und große Schwankungen hinsichtlich der Beute – all das verhieß nichts Gutes. Nun stellte sich außerdem heraus, dass die Population viel kleiner als geschätzt war, lediglich 28 000 Tiere. Damit rückte die Eule in die Kategorie der gefährdeten Arten vor.

Für die Tiere, die einst am Rand des Aussterbens standen und deren Bestand sich dank Artenschutzbemühungen wieder erholt hat – in diesem Kapitel die Arabische Oryx und die Mallorca-Geburtshelferkröte –, ist schon ein blasser Lichtschimmer eine Verbesserung. Für die meisten Geschöpfe aber bedeutet er einen Kampf, der nicht zu Ende ist. Doch wenn wir jetzt handeln, ist es vielleicht noch nicht zu spät, und viele Tiere erstrahlen irgendwann vielleicht auch wieder in ihrem alten Glanz.

**STAND JANUAR 2019:**

# 11 982

**TIERARTEN WERDEN ALS GEFÄHRDET EINGESTUFT (IUCN, ROTE LISTE).**

**VORIGE DOPPELSEITE:** Süßwasserfisch aus der Familie der Echten Barsche, *Percina rex* (gefährdet)
**GEGENÜBER:** Schnee-Eule, *Bubo scandiacus* (gefährdet)
**RECHTS:** Zagros-Molch, *Neurergus kaiseri* (gefährdet)

Eisbär, *Ursus maritimus* (gefährdet)

Die größten Fleischfresser Nordamerikas brauchen das zugefrorene Meer, um zu jagen und sich in ihrer arktischen Umgebung zu bewegen. Verschwindet das Meereis, verschwinden auch die Eisbären.

Pracht-Höckerschildkröte, *Graptemys oculifera* (gefährdet)

Die Pracht-Höckerschildkröte ist in zwei Flüssen in Louisiana und Mississippi beheimatet und verbringt viele Stunden am Tag damit, sich zu sonnen. Findet das Sonnenbad in der Gruppe statt, dreht sich jede Schildkröte in eine andere Richtung, damit Bedrohungen schneller wahrgenommen und die restlichen Tiere der Gruppe gewarnt werden können.

Südliche Riesenmuschel, *Tridacna derasa* (gefährdet)

Die Giganten des Südpazifiks sind effektive Filtrierer und bauen obendrein ihre eigene Nahrung in Form von Algen an. Diese Algen ernähren sich zunächst von den Abfallprodukten der Muschel, werden umgekehrt aber selbst zur Nahrung, wenn ihre Lebenszeit abgelaufen ist.

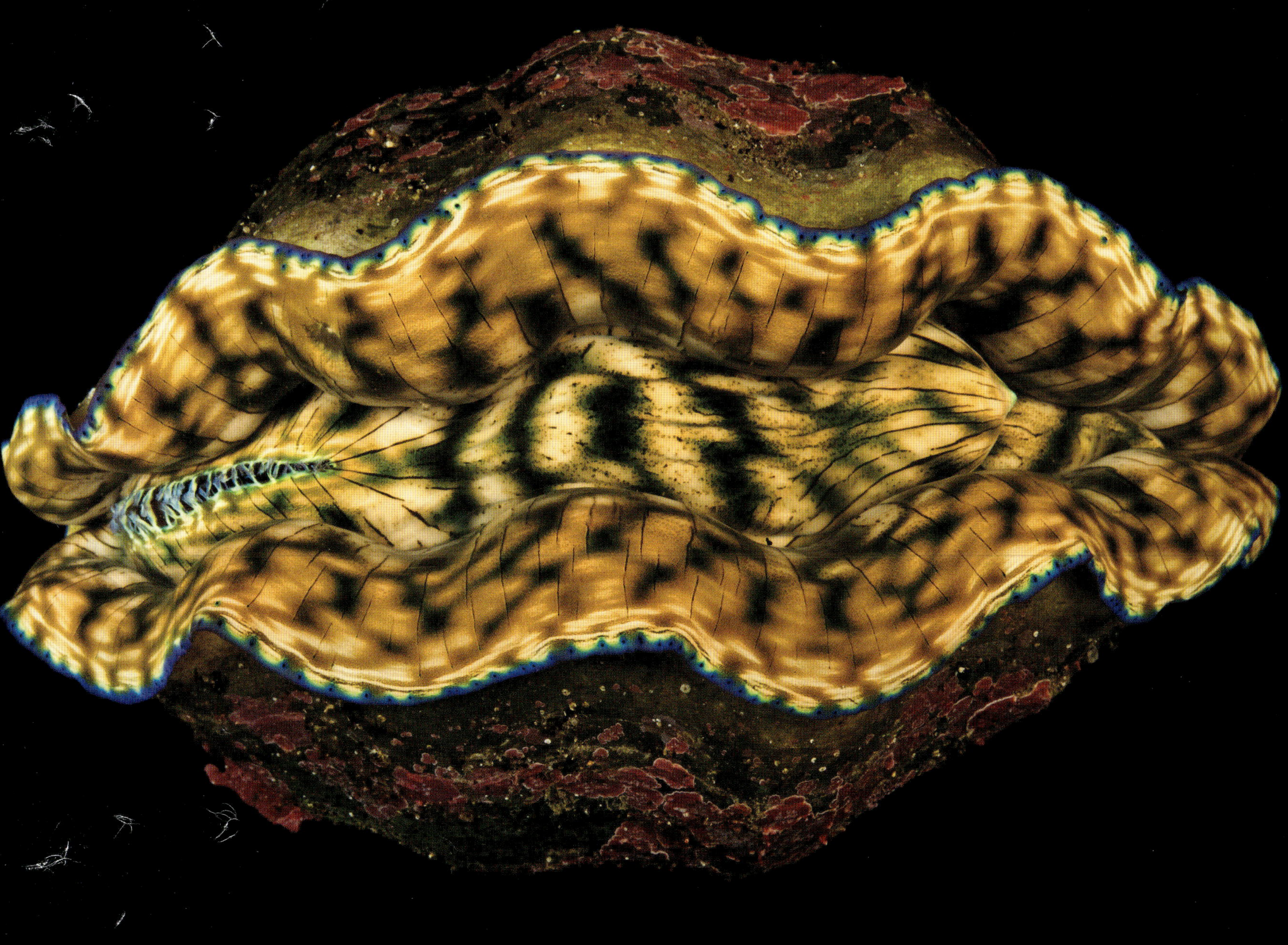

DAS GESAMTE VERBREITUNGSGEBIET DIESES NUR AUF MADAGASKAR LEBENDEN FROSCHS UMFASST NUR

# 9434

KM²

Frosch aus der Gattung der Madagaskar-Buntfrösche, *Mantella madagascariensis* (gefährdet)

Auf Madagaskar gibt es annähernd 300 Froscharten, darunter auch diese kleine. Wie viele andere Arten, die auf der großen Insel endemisch sind, ist auch die Population des *Mantella madagascariensis* durch die Abholzung der Wälder bedroht.

Stumpfkrokodil, *Osteolaemus tetraspis* (gefährdet)

Im Gegensatz zum Nilkrokodil gilt die Haut des Stumpfkrokodils als qualitativ zu wenig hochwertig, um daraus Handtaschen und Ähnliches herstellen zu können. Das hat die Art bisher vor dem Schlimmsten bewahrt.

Unterart der Bengalkatze, *Prionailurus bengalensis rabori* (gefährdet)

Die kleinen Wildkatzen finden sich oft auf philippinischen Zuckerrohrplantagen, wo sie nach Mäusen jagen. Manchmal werden ihre Jungen mit denen von Hauskatzen verwechselt. In menschlicher Obhut entwickeln die Tiere meist Krankheiten.

Fisch aus der Familie der Karpfenfische,
*Sinocyclocheilus furcodorsalis* (nicht beurteilt)

Dieser seltsam aussehende Fisch ist nur eine der vielen faszinierenden Kreaturen, die einer Unterwasserlandschaft in Südchina entstammen. Abgesehen von seinem Aussehen und der Tatsache, dass er blind ist, wissen wir nur sehr wenig über ihn. Erstmals wissenschaftlich beschrieben wurde die Art im Jahr 1997.

Bengalischer Plumplori,
*Nycticebus bengalensis* (gefährdet)

Die großen Augen sowie speziell angepasste Hände und Füße ermöglichen es dem kleinen nachtaktiven Primaten, im Baumkronendach seiner Heimatwälder herumzuklettern. Leider sind Plumploris im Haustierhandel heiß begehrt.

# ≈8200

**INDIVIDUEN GIBT ES NOCH IN DER NATUR SOWIE IN MENSCHLICHER OBHUT.**

**ZAHLREICHE HERDEN** der Arabischen Oryx durchstreiften einst beinahe den gesamten Nahen Osten. Die Tiere wittern Niederschläge auf mehrere Kilometer Entfernung und ziehen dann in diese Richtung, um den frischen Pflanzenwuchs, der unweigerlich folgt, zu nutzen. Die Antilope ist ausgezeichnet an strenge Wüstenbedingungen angepasst – das weiße Fell reflektiert die Sonne, und mit seinen breiten Hufen kann sich das Tier mühelos auf heißem Sand fortbewegen. Im Profil wirken die langen, schmalen Hörner manchmal wie ein einziges Horn, weshalb viele das Tier für den Ursprung des Einhornmythos halten. Doch leider waren ihm Jäger schon immer hart auf den Fersen. Zu Beginn des 20. Jahrhunderts hatte sich das Verbreitungsgebiet der Arabischen Oryx drastisch reduziert, in den frühen 1970er-Jahren wurde die letzte bekannte, wild lebende Oryxantilope geschossen. Laut IUCN galt die Spezies als in der Natur ausgestorben. Doch ist dies nicht das Ende der Geschichte: Ein vom Phoenix Zoo seit den 1960er-Jahren durchgeführtes Zuchtprogramm in Gefangenschaft ermöglichte es Artenschützern, in den 1980er-Jahren Oryxherden im Oman wieder anzusiedeln. Heute durchstreift das Tier wieder Teile der Arabischen Halbinsel. Da es jedoch weniger als 1000 geschlechtsreife Antilopen der Art in freier Wildbahn gibt, wird sich der Bestand der Tiere lange noch nicht erholt haben.

Arabische Oryx, *Oryx leucoryx* (gefährdet)

Fisch aus der Ordnung der Zahnkärpflinge,
*Fundulus julisia* (stark gefährdet)

Im Laufe der Zeit ist das Verbreitungsgebiet des kleinen Süßwasserfischs erheblich geschrumpft. Zu Beginn der 1980er-Jahre existierte er noch an 14 verschiedenen Orten, zehn Jahre später nur noch an sieben. Heute kommt die Fundulus-Art nur noch an zwei Stellen in Tennessee vor.

Fossa, *Cryptoprocta ferox* (gefährdet)

Die Populationen des größten Säugetierbeutegreifers Madagaskars schwinden in dem Maße, in dem das Waldhabitat der Fossa schrumpft. Meist lebt die Katze einzelgängerisch, manchmal bleiben Jungtiere wie diese beiden aber auch paarweise zusammen, bis sie vollständig ausgewachsen sind.

Schmetterling aus der Familie der Dickkopffalter,
*Hesperia dacotae* (gefährdet)

Der orange-braune Schmetterling war in den Great Plains in Nordamerika und Kanada (östlich der Rocky Mountains) einst weitverbreitet. Als seine heimischen Grasebenen jedoch zunehmend gepflügt wurden, sanken die Bestände des Dickkopffalters dramatisch.

Grays Waran, *Varanus olivaceus* (gefährdet)

Die Echse gehört zu den größten in ganz Asien. Trotz seiner langen, gut ausgebildeten Klauen und scharfen Zähne ernährt sich der Grays Waran vornehmlich von Früchten und ergänzt die Kost nur hin und wieder durch Schnecken, Krabben und Insekten.

SÜDOSTASIEN

# PALMÖLKRISE

PALMÖL ist in rund der Hälfte aller verpackten Artikel enthalten, die es im Supermarkt zu kaufen gibt – etwa in Lippenstift, Pizzateig, Reinigungsmitteln und Instantnudeln –, und seine Produktion ist der Grund für eine globale Umweltkrise. In tropischen Ländern, insbesondere in Malaysia und Indonesien, werden riesige Flächen Wald gerodet, um Platz für Palmölplantagen zu schaffen – und damit Habitate in einigen der artenreichsten Regionen der Erde zerstört. Und noch ist kein Ende in Sicht: Die Palmölproduktion soll auch weiterhin steigen, was über die Hälfte aller gefährdeten Säugetiere und fast zwei Drittel aller gefährdeten Vogelspezies weltweit betreffen könnte. Die IUCN schätzt, dass die immense Palmölproduktion die Hauptbedrohung für beinahe 200 gefährdete Arten darstellt, darunter für das Goodfellow-Baumkänguru und für den Schildschnabel. Gibt es auch eine gute Nachricht? Ja: Verbraucher werden zunehmend dafür sensibilisiert, nur solches Palmöl zu kaufen, das ohne die Abholzung von Wäldern produziert wurde.

**OBERE REIHE, VON LINKS NACH RECHTS:** Runzelhornvogel, *Rhabdotorrhinus corrugatus* (stark gefährdet); Müller-Gibbon, *Hylobates muelleri* (stark gefährdet); Malaien-Hornvogel, *Anthracoceros malayanus* (gefährdet) **UNTERE REIHE, VON LINKS NACH RECHTS:** Unterart des Goodfellow-Baumkängurus, *Dendrolagus goodfellowi buergersi* (stark gefährdet); Feuerrückenfasan, *Lophura ignita* (potenziell gefährdet); Schildschnabel, *Rhinoplax vigil* (vom Aussterben bedroht); Unterart des Bartschweins, *Sus barbatus barbatus* (gefährdet)

Afrikanischer Elefant,
*Loxodonta africana* (gefährdet)

Im Jahr 1930 durchstreiften schätzungsweise zehn Millionen Afrikanische Elefanten den afrikanischen Kontinent, vom Kap bis zur Sahara. Im Jahr 2016 zählten Wissenschaftler nur noch rund 40 000 der Tiere, 70 Prozent davon leben in geschützten Gebieten in Südafrika.

Jamaika-Boa,
*Chilabothrus subflavus* (gefährdet)

Diese Abgottschlange ist der größte Beutegreifer, der auf der Insel Jamaika heimisch ist. In der Natur beginnen junge Jamaika-Boas wie diese damit kleine Echsen und Frösche zu jagen, sobald sie ausgewachsen sind, versuchen sie sich an größeren Beutetieren wie Fledermäusen und Vögeln.

„ARTENSCHUTZ RETTET UNS MENSCHEN. ALL DIE WICHTIGEN DINGE, DIE WIR ZUM LEBEN BRAUCHEN UND FÜR SELBSTVERSTÄNDLICH HALTEN – REINE LUFT, SAUBERES WASSER, NAHRUNG –, HÄNGEN VON NATÜRLICH FUNKTIONIERENDEN ÖKOSYSTEMEN AB, DIE ES OHNE DIE UNZÄHLIGEN SPEZIES, DIE IN KOMPLEXEN WECHSELBEZIEHUNGEN ZUEINANDER STEHEN, WIEDERUM NICHT GÄBE.

---

WEN HAUR CHENG, STELLVERTRETENDER GESCHÄFTSFÜHRER UND WISSENSCHAFTLICHER LEITER, WILDLIFE RESERVES SINGAPORE

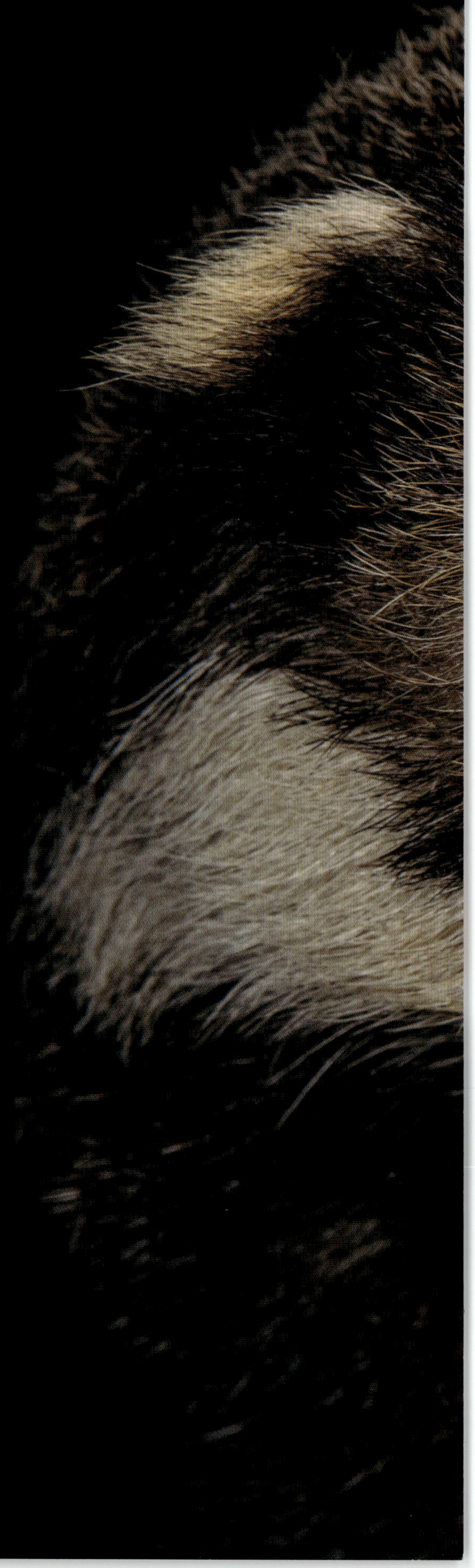

Schweinsdachs, *Arctonyx collaris* (gefährdet)

Der Schweins- oder Riesendachs ist in vielfältigen Habitaten verbreitet und insgesamt eine ausgesprochen anpassungsfähige Spezies. Sein abnehmender Bestand ist am wahrscheinlichsten der Bejagung geschuldet – teilweise verfängt er sich auch in Fallen, die für größere Tiere gedacht sind.

Nubischer Steinbock, *Capra nubiana* (gefährdet)

Bei den Steinböcken haben sowohl die Männchen als auch die Weibchen eindrucksvolle Hörner, wenngleich die des Männchens wesentlich größer und bis zu 1,20 Meter lang werden.

Nacktschnabelhäher,
*Gymnorhinus cyanocephalus* (gefährdet)

Dieser Vogel bevorzugt eine ganz bestimmte Art von Kost: die Samen der Pinyon-Kiefer. Er kann seine Speiseröhre so weit dehnen, dass er bis zu 50 Samen auf einmal schlucken kann. Als Vorrat versteckt er viele davon überall in seinem Revier.

Sarasins Gecko, *Correlophus sarasinorum* (gefährdet)

Neukaledonien, eine üppig grüne Insel im Südpazifik, beheimatet zahlreiche Tiere, die sonst nirgendwo auf der Welt vorkommen. Mit dem zunehmenden Bergbau und der voranschreitenden Abholzung schrumpft der Lebensraum, den endemische Arten wie dieser Gecko zum Überleben brauchen, allerdings immer mehr.

DIESER GECKO LEBT NUR IM SÜDLICHEN NEUKALEDONIEN. GRÖSSE SEINES VERBREITUNGSGEBIETS:

900

KM²

Nancy-Ma-Nachtaffe, *Aotus nancymaae* (gefährdet)

Die großen Augen des südamerikanischen Primaten absorbieren mehr Licht, sodass er sich im nächtlichen Dschungel Perus, Brasiliens und Kolumbiens besser zurechtfinden kann. Jährlich werden Tausende der Tiere für Tierversuche eingefangen.

Sulawesi-Hirscheber, *Babyrousa celebensis* (gefährdet)

Die Hauer der Hirscheber hören nie auf zu wachsen, selbst dann nicht, wenn das eigene Fleisch im Weg ist. Die oberen Hauer durchstoßen sogar das Schnauzendach und wachsen dann bogenförmig weiter in Richtung Augen und Stirn.

Riesengürteltier, *Priodontes maximus* (gefährdet)

In den vergangenen 21 Jahren ist der Bestand dieser Tiere um mindestens 30 Prozent zurückgegangen. Die Tiere werden ihres Fleischs wegen bejagt, als exotische Haustiere gehalten oder auf Schwarzmärkten als »lebende Fossilien« gehandelt.

Schwarzkopftragopan, *Tragopan melanocephalus*
(gefährdet)

Der kleine, scheue Fasan lebt im westlichen Himalaja. Bejagt wird der Schwarzkopftragopan wegen seines Fleischs und seiner dekorativen Federn, doch bemüht man sich augenblicklich verstärkt, die Spezies besser bewerten und schützen zu können.

# ≈1500

## ADULTE PAARE GIBT ES NOCH IN DER NATUR

**DIE MALLORCA-GEBURTSHELFERKRÖTE** lebte jahrtausendelang unentdeckt in den Schluchten und Wasserläufen der mallorquinischen Berge. Ende der 1970er-Jahre fanden Wissenschaftler, die sich mit Fossilien in der Gegend beschäftigten, Spuren des Tiers und erklärten, es sei vor mehr als 2000 Jahren ausgestorben. Wenige Jahre später fanden sie zu ihrer großen Überraschung allerdings lebende Mallorca-Geburtshelferkröten. In den 1990er-Jahren wiederum stufte die IUCN die Spezies als vom Aussterben bedroht ein. Dank intensiver Schutzbemühungen erholen sich die Bestände der glatten, glänzenden Kröte heute langsam wieder. Seinen Namen verdankt das Tier einer speziellen Verhaltensweise des Männchens, das die Eier in Strängen um die Knöchel gewickelt trägt. Gefährdet wird die Art durch die invasive Vipernatter, die wohl schon in römischer Zeit auf die Insel gebracht wurde, sowie durch die anhaltende Verstädterung Mallorcas, die auch den vielen Touristen geschuldet ist. Die gute Nachricht ist, dass die Amphibien positiv auf Zuchtprogramme in Gefangenschaft reagieren, was Artenschützer zu der Hoffnung veranlasst, dass die Spezies ein weiteres Comeback feiern könnte.

Mallorca-Geburtshelferkröte, *Alytes muletensis* (gefährdet)

Indisches Panzernashorn,
*Rhinoceros unicornis* (gefährdet)

Einst gab es weniger als 200 Indische Panzernashörner auf der Welt. Dank intensiver Zuchtbemühungen und strengsten Schutzregularien erholen sich die Bestände heute wieder ganz allmählich. Mittlerweile umfasst die Population wieder über 2500 Tiere.

Aquamarin-Regenbogenfisch,
*Melanotaenia lacustris* (gefährdet)

Der im Lake Kutubu in Papua-Neuguinea vorkommende Regenbogenfisch ist in seinem Bestand durch feinmaschige Stellnetze und Motorboote bedroht, die im vergangenen Jahrzehnt im und am See eingeführt wurden.

„WIR HABEN AUF UNSEREM LAND IN NEBRASKA RUND 4400 QUADRATMETER MIT EINHEIMISCHEM PRÄRIEGRAS BEPFLANZT, UM DIESEN SCHMETTERLING ZU RETTEN. OHNE NEKTARPFLANZEN HAT ER KEINE ÜBERLEBENSCHANCE.

JOEL SARTORE

Schmetterling aus der Familie der Edelfalter,
*Speyeria idalia* (nicht beurteilt)

Dieser Schmetterling ist von der IUCN bislang zwar noch nicht beurteilt oder als bundesweit gefährdet eingestuft worden, doch sind seine Bestände mit dem Verschwinden seiner Heimat, der Präriegräser, drastisch gesunken. Die Wiederherstellung dieses Habitats würde nicht nur dem Edelfalter, sondern auch zahlreichen anderen Tierarten zugute kommen.

Großer Ameisenbär, *Myrmecophaga tridactyla* (gefährdet)

Die großen Landsäuger brauchen ein ausgedehntes Revier und sind besonders durch Waldbrände gefährdet. Die Brandrodungskultur in den Regenwäldern Südamerikas stellt eine ernsthafte Bedrohung für den Großen Ameisenbären dar.

Südlicher Felsenpinguin,
*Eudyptes chrysocome chrysocome* (gefährdet)

Manche Pinguine watscheln, der Felsenpinguin aber hüpft zu Fortbewegungszwecken. Die nach ihrem Habitat benannten Vögel bewohnen felsige Küsten und fischen in den kalten Gewässern des Antarktischen Ozeans.

Okaritokiwi, *Apteryx rowi* (gefährdet)

Die flugunfähigen Vögel sind vor allem durch Hermeline und andere warmblütige Beutegreifer gefährdet, die der Mensch nach Neuseeland gebracht hat. Diese invasiven Arten plündern die Kiwinester und jagen ihre Jungen. Im Rahmen des Schutzprogramms Operation Nest Egg werden die Eier aus den Nestern geholt und künstlich bebrütet. Sind die Küken so kräftig, dass sie Feinde abwehren können, werden sie im (geschützten) Buschland *(kōhanga)* wieder ausgewildert.

IN DEN KOMMENDEN 80 JAHREN KÖNNTE SICH DAS BAMBUSHABITAT DES GROSSEN PANDAS VERRINGERN UM:

# 100%

Großer Panda, *Ailuropoda melanoleuca* (gefährdet)

Ein ausgewachsener Großer Panda frisst täglich 9–18 Kilogramm an Bambusblättern; mehr als zehn Stunden pro Tag verbringt er mit der Suche nach Futter. Während die Bambuswälder in den Bergregionen Chinas immer weiter schrumpfen, sieht sich auch diese wahrlich bekannte Spezies einer immer größeren Bedrohung ausgesetzt.

Frosch aus der Familie der Glasfrösche,
*Centrolene buckleyi* (gefährdet)

Bei jüngeren Expeditionen in die äquatorialen Nebelwälder im Amazonasgebiet von Ecuador fand man nur wenige Individuen der Art. Experten, die sich mit der Spezies beschäftigen, halten sie nicht für gefährdet, sondern für vom Aussterben bedroht.

Mexikanische Hautwühle,
*Dermophis mexicanus* (gefährdet)

Die Mexikanische Hautwühle sieht zwar aus wie ein Wurm, gehört aber zu den beinlosen Amphibien. Sie verbringt den Großteil ihres Lebens verborgen im lockeren Erdreich, wo sie auf Beute wie Regenwürmer oder kleine Insekten wartet.

Gelbes Ästuarenseepferdchen,
*Hippocampus kuda* (gefährdet)

Seepferdchen sind auf dem Heilmittelmarkt der Traditionellen Chinesischen Medizin (TCM) heiß begehrt. Jedes Jahr fallen ihm geschätzte 25 Millionen der Tiere zum Opfer.

Großer Kaninchennasenbeutler, *Macrotis lagotis* (gefährdet)

# ≈9000

## GESCHLECHTSREIFE INDIVIDUEN LEBEN HEUTE NOCH IN FREIER WILDBAHN

**ZUERST KOMMEN** die Ohren. Dann die Schnauze, ein silbergraues Fell und ein dunkler Schwanz. Nach Sonnenuntergang verlässt der Große Kaninchennasenbeutler seinen unterirdischen Bau und begibt sich auf Futtersuche. Seine staksigen Beine erinnern an die eines Kängurus – er huscht jedoch durch die Wüste und gräbt nach Insekten oder Pflanzen. Seine Beute fängt er mit seiner langen, klebrigen Zunge. Der Kaninchennasenbeutler sieht nicht besonders gut, dafür sind Geruchssinn und Gehör umso besser entwickelt. Legt er die überdimensionierten Ohren auf die Erde, kann er damit sogar im Boden lebende Insekten aufspüren. Einst waren die Beuteltiere in den ariden Regionen in fast ganz Australien weitverbreitet, doch sind sie durch verwilderte Katzen und Füchse derart bejagt worden, dass die Spezies mittlerweile auf den Norden und Westen des Landes beschränkt ist. Die Tiere sprechen gut auf Zuchtprogramme in Gefangenschaft an, zudem ist die Bedrohung der Art in den vergangenen Jahrzehnten immer mehr ins Bewusstsein der Öffentlichkeit gedrungen – so sehr, dass in Australien zu Ostern Kaninchennasenbeutler aus Schokolade der letzte Schrei sind. Man hofft, die Art retten zu können, nicht zuletzt deshalb, weil sie inzwischen ziemlich alleine dasteht: Der nächste Verwandte, der Kleine Kaninchennasenbeutler, gilt bereits als ausgestorben.

Sunda-Gavial, *Tomistoma schlegelii* (gefährdet)

Die indonesischen Krokodile können über 4,60 Meter lang werden, ihre schmale Schnauze weist zwischen 75 und 85 scharfe Zähne auf. Da die Populationsdichte so gering ist und die Populationen so weit verstreut sind, ist es schwierig für die Wissenschaft, diese Tiere in ihrem natürlichen Lebensraum zu studieren.

IM LAUFE VON ZWEI VERGANGENEN JAHRZEHNTEN

IST DIE KOALAPOPULATION GESUNKEN UM RUND

# 28%

Koala, *Phascolarctos cinereus* (gefährdet)

In manchen Teilen Australiens zeigen sich die Koalapopulationen zwar stabil, dennoch sind die baumbewohnenden Beutelsäuger durch grassierende Krankheiten und anhaltende Dürren gefährdet.

Doppelkamm-Beutelmaus, *Dasyuroides byrnei* (gefährdet)

Die grabenden Beutelsäuger, die auch Kowaris genannt werden, sind in den felsigen Ebenen und im Buschland Australiens heimisch. Weidendes Vieh und die Veränderung des Lebensraumes haben den Populationen der Beutelmaus schweren Schaden zugefügt.

Südlicher Neuguinea-Filander,
*Thylogale brunii* (gefährdet)

Die kleinen Beuteltiere gehören zu derselben Familie wie Kängurus. Sie bewohnen Nischen in den Tiefland- und Tropenwäldern Papua-Neuguineas sowie Indonesiens. Da die Tiere relativ zutraulich sind, werden sie oft ihres Fleischs wegen bejagt.

Großes Präriehuhn, *Tympanuchus cupido pinnatus* (gefährdet)

Die einst zahlreich im mittleren und östlichen Teil Nordamerikas vorkommenden Präriehühner verschwinden allmählich, da ihr Lebensraum immer mehr verstädtert oder landwirtschaftlich erschlossen wird. Man versucht neuerdings, das Grasland in den Great Plains zu erhalten und zu schützen, sodass die restlichen Bestände der Population noch zu bewahren sind.

**„UNSER GESAMTER LEBENSRAUM IST WIE EIN RIESIGES PUZZLE. IMMER, WENN EINE SPEZIES VERLOREN GEHT, VERLIERT MAN AUCH EINEN TEIL DES GESAMTBILDES. ICH MÖCHTE DIESES BILD NICHT VERLIEREN.**

STEVE SHERROD, GESCHÄFTSFÜHRENDER DIREKTOR EMERITUS, LEITUNG NATURSCHUTZ, SUTTON AVIAN RESEARCH CENTER

# KEIN EWIGES EIS

DIE ARKTIS schmilzt. Sie erwärmt sich beinahe doppelt so schnell wie irgendeine andere Region auf diesem Planeten, was die Tiere, die an ein Leben in einer Welt aus Eis angepasst sind, in ernsthafte Schwierigkeiten bringt. Ob Pazifisches Walross, Papageitaucher, Largha-Robbe – sie alle brauchen Eis auf dem Meer oder an Land, um überleben zu können. Seit den 1980er-Jahren ist das ewige Eis, der älteste und dickste Teil des arktischen Meereises, um 23 Prozent zurückgegangen; schmilzt der Arktische Ozean jährlich wie 2017, so wird er in 15 Jahren komplett eisfrei sein. Durch die Erwärmung dieser eisigen Gewässer verändern sich auch das Verbreitungsgebiet und das Verhalten von Tieren an anderen Orten der Erde. Schwertwale ziehen früher in die kanadische Arktis und bleiben in größerer Anzahl länger dort. Die Anwesenheit dieses mächtigen Beutegreifers wiederum gefährdet einige arktische Spezies, die sich in ihrem Bestand gerade wieder erholen – oder, wie eine Naturschutzorganisation es einmal formulierte: »Was in der Arktis geschieht, bleibt nicht dort.«

**OBERE REIHE, VON LINKS NACH RECHTS:** Plüschkopfente, *Somateria fischeri* (potenziell gefährdet); Largha-Robbe, *Phoca largha* (nicht gefährdet); Pazifisches Walross, *Odobenus rosmarus divergens* (ungenügende Daten) **UNTERE REIHE, VON LINKS NACH RECHTS:** Papageitaucher, *Fratercula arctica* (gefährdet); Schwertwal, *Orcinus orca* (ungenügende Daten); Ren, *Rangifer tarandus* (gefährdet); Polarfuchs, *Vulpes lagopus* (nicht gefährdet)

Andenflamingo, *Phoenicoparrus andinus* (gefährdet)

Diese Flamingos bleiben das ganze Jahr über in derselben Region, die von Seelandschaften geprägt ist. Sie besitzen einen kräftigeren Unterschnabel, der speziell daran angepasst ist, kleine Nahrungspartikel aus dem Bodensediment herauszufiltern. Da der Andenflamingo jedoch kein Zugvogel ist, scheint er besonders anfällig für Dürren und andere Auswirkungen des Klimawandels.

Arkal, *Ovis orientalis arkal* (gefährdet)

Diese Wildschafart gehört zu den ursprünglichen Vorfahren aller Hausschafe und ist durch Bejagung von fast allen Inseln Europas verschwunden. Mittlerweile führt man sie auf dem Kontinent erfolgreich wieder ein.

Unterart des Philippinenhirschs,
*Rusa marianna nigella* (gefährdet)

Während die Populationen dieser kleinen Hirschart in ihrem ursprünglichen Verbreitungsgebiet auf den Philippinen zurückgehen, gilt der Philippinenhirsch auf anderen Inseln, wo er im 19. Jahrhundert eingeführt wurde, als invasiver Schädling.

„DIE MEISTEN MENSCHEN WERDEN NIE NACH AFRIKA ODER AUSTRALIEN REISEN KÖNNEN, UM SICH DIE GESCHÖPFE DORT AUS DER NÄHE ANZUSEHEN. INDEM WIR SIE IHNEN ZEIGEN, LERNEN VIELLEICHT EINIGE, SIE WERTZUSCHÄTZEN. FÜR ETWAS, DAS MAN NICHT SIEHT ODER RIECHT, DEM MAN NICHT NAHE IST, ÜBERNIMMT MAN KEINE VERANTWORTUNG.

KATHY RUSSELL, HAUPTKURATORIN, SANTA FE COLLEGE TEACHING ZOO

Unterart der Küstenmaus, *Peromyscus polionotus trissyllepsis* (vom Aussterben bedroht)

Diese Unterart der Küstenmaus – eine von acht Subspezies – ist auf einer kleinen Insel im Golf von Mexiko heimisch. Der schrumpfende Lebensraum, invasive Fressfeinde und zunehmend verheerende Wirbelstürme drängen den kleinen, aber effizienten Nager immer mehr an den Rand des Aussterbens.

Philippinische Segelechse, *Hydrosaurus pustulatus* (gefährdet)

Ihren wissenschaftlichen Namen, der übersetzt so viel wie »Wasserechse« bedeutet, tragen diese Tiere nicht umsonst, denn sie sind tatsächlich erstaunlich gute Schwimmer. Sie können auf der Flucht vor Fressfeinden aber auch über das Wasser sprinten.

Blaufußgarnele, *Caridina caerulea* (gefährdet)

Diese Art durchsichtiger Garnelen kommt ausschließlich im Poso-See auf der indonesischen Insel Sulawesi vor, wo sie durch invasive Karpfen bedroht ist, die bereits mehrere einheimische Spezies ausgelöscht haben.

Flusspferd, *Hippopotamus amphibius* (gefährdet)

Am stärksten gefährdet sind Fluss- oder Nilpferde heute durch Wilderei und den Verlust ihres Lebensraums. Obwohl die Tiere in vielen Regionen auch gesetzlich geschützt sind, werden sie ihres Fleischs und Elfenbeins wegen nach wie vor massiv illegal bejagt.

IM JAHR 2016 KONFISZIERTE MAN IN UGANDA ELFENBEIN VON FLUSSPFERDEN MIT EINEM GESAMTGEWICHT VON ETWA

# 400

KG

Kragenbär, *Ursus thibetanus* (gefährdet)

Obwohl der Pazifische Ozean zwischen ihnen liegt, ist der Kragenbär mit dem Amerikanischen Schwarzbären näher verwandt als mit irgendeiner anderen Spezies. Mit ihrem ausgeprägten Geruchssinn können die Tiere Raupen und andere Nahrung bis zu einem Meter tief im Boden wittern.

Binturong, *Arctictis binturong* (gefährdet)

Der Binturong (oder Marderbär) ist weltweit einer von nur zwei Fleischfressern, die einen Greifschwanz besitzen. Durch ihn können die Tiere im Baumkronendach der Wälder in ihrer Heimat Südostasien das Gleichgewicht halten.

LINKS: Weißbrusttukan, *Ramphastos tucanus* (gefährdet)
RECHTS: Dottertukan, *Ramphastos culminatus* (gefährdet)

Tukane besitzen geriffelte Schnäbel, mit denen sie das harte Äußere von Früchten oder Insekten entfernen, und stachelige Zungen, mit denen sie ihre Beute aushöhlen. Durch die rasch voranschreitende Abholzung der Wälder im Amazonasbecken ist der dauerhafte Fortbestand der Tukane bedroht.

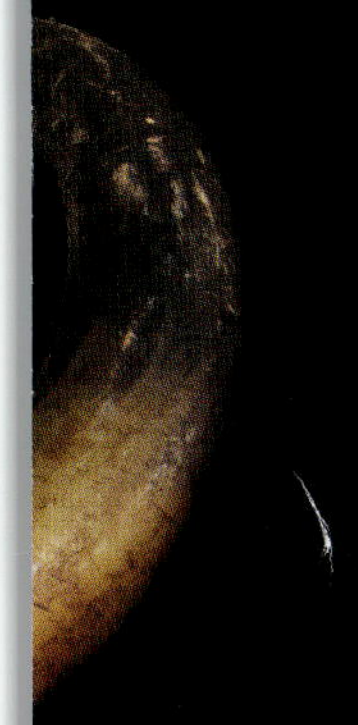

# ≈20 000

## GESCHLECHTSREIFE INDIVIDUEN NOCH IN DER NATUR

**MIT EINEM GEWICHT** von mehr als einer Tonne gehört der Gaur zu den größten lebenden Landsäugetieren der Erde. Er wird darin nur von wenigen anderen Tieren übertroffen, etwa von Elefanten oder Nashörnern. Das Wildrind hat sein Verbreitungsgebiet in Indien und Südostasien, wo kleine Gaurherden Wälder und Wiesen auf der Suche nach Gras, Blättern, Früchten, Zweigen und Rinde durchstreifen. Durch seine schiere Masse mag der Gaur plump wirken, aber das täuscht: Das Tier mit den gebogenen, eleganten Hörnern ist schnell und immer wachsam – bei Trophäenjägern leider außerordentlich beliebt. Die Bejagung stellte in ihrem gesamten Verbreitungsgebiet schon immer eine massive Bedrohung für die Spezies dar. Derzeit sind zwei Unterarten des Gaurs bekannt: Eine findet sich größtenteils in Indien und Nepal, die andere, die hier abgebildet ist, in ganz Südostasien.

Hinterindischer Gaur, *Bos gaurus laosiensis* (gefährdet)

Graukopf-Flughund, *Pteropus poliocephalus* (gefährdet)

Da ihr Waldhabitat im südöstlichen Australien erheblich geschrumpft ist, dringen die Flughunde immer mehr in städtische Regionen vor, wo sie in Gärten nach Futter suchen und sich von angepflanzten Blumen ernähren.

Mandrill, *Mandrillus sphinx* (gefährdet)

Die nach den Menschenaffen größte bekannte Primatenart erkennt man an der charakteristischen blau-rosa Gesichtshaut und dem leuchtend gefärbten Rumpf. In ihrer Heimat im äquatorialen Afrika gilt ihr Fleisch als Delikatesse; die durchgehende Bejagung der Tiere hat zu stetig sinkenden Populationen geführt.

Tasmanischer Langnasenbeutler,
*Perameles gunnii* (gefährdet)

Einst war der Tasmanische Langnasenbeutler im Süden Australiens weitverbreitet, doch dann brachten ihn invasive Füchse an den Rand des Aussterbens. Seit 1991 wurden mehr als 650 der Tiere in Gefangenschaft gezüchtet und auf fressfeindfreien Inseln sowie in geschützten Gebieten wieder ausgewildert.

DIE ZAHL DER ORTE, AN DENEN DIESE FISCHART WELTWEIT VORKOMMT, LIEGT UNTER

# 10

Fisch aus der Gattung der Springbarsche,
*Etheostoma cinereum* (gefährdet)

Dieser kleine Fisch, der durchschnittlich 7 Zentimeter lang wird, ist nur in einer Handvoll Flüsse und Bäche in den US-Staaten Kentucky und Tennessee beheimatet. Die Wasserverschmutzung und das Anlegen von Stauseen haben zur Degradierung seines Habitats geführt und sein von vornherein schon kleines Verbreitungsgebiet noch weiter eingeschränkt.

Insekt aus der Familie der Weta,
*Deinacrida rugosa* (gefährdet)

Die schwer gepanzerte Langfühlerschrecke misst inklusive Fühler beinahe 12 Zentimeter und gehört damit zu den größten Insekten der Welt. Bei Gefahr verteidigt sich die Langfühlerschrecke, indem sie die stachelbewehrten Hinterbeine über dem Kopf aufstellt.

Lederschildkröte,
*Dermochelys coriacea* (gefährdet)

Die Spezies, die sich mit ihren riesigen Flossen geradezu durchs offene Meer katapultiert, kann sich nur in eine Richtung fortbewegen, nämlich vorwärts. Dieses Schwimmverhalten impliziert, dass die Schildkröte nicht in menschlicher Obhut gehalten werden kann, da sie immer wieder mit der Wand des Beckens kollidieren würde.

Hornsittich, *Eunymphicus cornutus* (gefährdet)

Der Bestand der farbenprächtigen Vögel, die auf Neukaledonien endemisch sind, hat relativ langsam abgenommen. Das Schrumpfen fand in gleichem Maße statt, wie ihr Waldhabitat der Landerschließung durch den Menschen weichen musste.

Schneeleopard, *Panthera uncia* (gefährdet)

Das Fell des Schneeleoparden hat die Farbe schneebedeckter Felsen und stellt damit die perfekte Tarnung in seiner ursprünglichen Heimat dar. Die Raubkatze benutzt ihren langen Schwanz als Ruder und hält damit das Gleichgewicht, während sie in steilem, unebenem Terrain klettert.

Schwarzer Haubenlangur,
*Trachypithecus auratus* (gefährdet)

Die indonesische Primatenart verfügt über eine einzigartige genetische Eigenheit: Sie kann die Geschmacksrichtung süß nicht wahrnehmen. Deswegen verspeisen diese Primaten auch unreife Früchte, die andere Arten weniger genießbar finden.

Dianameerkatze, *Cercopithecus diana* (gefährdet)

Aufgrund ihrer weißen, bogenförmigen Augenbrauenbehaarung wurden die afrikanischen Primaten nach Diana benannt, der römischen Göttin der Natur, des Walds und der Jagd.

# ≈2000

## BRUTPAARE GIBT ES NOCH IN DER NATUR

**AUF DEN ERSTEN BLICK** ist nachvollziehbar, warum sich der wissenschaftliche Name des auffälligen Vogels mit »kahler, alter Mann« übersetzen lässt. Das Tier mit dem faltigen, blassen Gesicht ist in den Grassavannen des südlichen Afrikas heimisch, wo es wie ein Truthahn leise kollert und am Boden nach Insekten pickt. Der Glattnackenrapp schließt sich zum Schlafen auf Bäumen oder Klippen geselligerweise zu großen Gruppen zusammen und sucht scharenweise nach Nahrung. Er wird seiner Federn und seines Fleischs wegen schon seit Langem vom Menschen bejagt, in Lesotho benutzt man ihn für die Volksmedizin sowie zu zeremoniellen Zwecken. Heute ist der Glattnackenrapp in seinem gesamten Verbreitungsgebiet in Südafrika gesetzlich geschützt. Dennoch stellt die Bejagung weiterhin ein Problem dar, wenngleich der Verlust des Lebensraums die größte Bedrohung für die Art ist: Landwirtschaft, Überweidung, das Anpflanzen von Nadelbäumen und die Auswirkungen des Klimawandels haben den Charakter der Hochlandsavannen verändert, die der Vogel zum Überleben braucht.

Glattnackenrapp, *Geronticus calvus* (gefährdet)

# BERGBAUKONSEQUENZEN

**IM DICHT BEWALDETEN** Kongobecken, das sich über sechs Länder in Zentralafrika erstreckt, leben mehr als 2100 verschiedene Tierarten. Die fruchtbare Region ist zudem reich an vielen der Seltenen Erden, die zur Herstellung etwa von Smartphones benötigt werden, darunter Kobalt, Columbium-Tantalit und Coltan. Der Bergbau im Kongobecken findet eher in kleinem Umfang und unreguliert statt, doch hat er insgesamt der Biodiversität der Region bereits große Schäden zugefügt und zum Niedergang von Spezies wie dem Westafrikanischen Panzerkrokodil, dem Waldelefanten, dem Okapi und dem Östlichen Flachlandgorilla beigetragen. Der Abbauprozess allein schadet dem Habitat durch die Abholzung der Wälder und die Verschmutzung des Wassers. Allerdings treten in der Folge weitere Probleme auf: Da durch den Bergbau neue Gegenden für die menschliche Besiedelung erschlossen werden, steigt in dieser Region auch der Bedarf an Buschfleisch und damit die Bejagung.

**OBERE REIHE, VON LINKS NACH RECHTS:** Afrikanische Goldkatze, *Caracal aurata* (gefährdet); Bonobo, *Pan paniscus* (stark gefährdet); Klunkerkranich, *Bugeranus carunculatus* (gefährdet)
**UNTERE REIHE, VON LINKS NACH RECHTS:** Kongopfau, *Afropavo congensis* (gefährdet); Zwergflamingo, *Phoeniconaias minor* (potenziell gefährdet); Okapi, *Okapia johnstoni* (stark gefährdet); Panzerkrokodil, *Mecistops cataphractus* (vom Aussterben bedroht)

Waldschildkröte, *Chelonoidis denticulata* (gefährdet)

Das große, langsame Reptil bevorzugt eine humide und – darauf weist der Name bereits hin – bewaldete Umgebung, wo es sich von Früchten, Insekten, Schnecken und Pilzen ernährt. Doch auch Aas verschmäht die Waldschildkröte hin und wieder nicht.

Steinkoralle der Gattung Turbinaria,
*Turbinaria reniformis* (gefährdet)

In den warmen Gewässern des Indopazifiks spielt die Steinkoralle eine wichtige Rolle. Sie dient als Habitat für die diversen Gemeinschaften, aus denen ein Korallenriff besteht.

„WIR MÜSSEN FÜR EINIGE GEFÄHRDETE ARTEN EINFACH HOFFEN, DASS SIE DEN DREH HERAUSKRIEGEN, WIE SIE SICH ANPASSEN, SELBST WENN SICH STÄNDIG ALLES VERÄNDERT, ODER DASS WIR LERNEN ZU KOEXISTIEREN.

FRANK RIDGLEY, LEITER DER ARTENSCHUTZ- UND FORSCHUNGSABTEILUNG, ZOO MIAMI

Fledermaus aus der Gattung der Bulldoggfledermäuse, *Eumops floridanus* (gefährdet)

Die große Fledermaus ist im südlichen Florida heimisch, wo sie kleine Kolonien bildet. Da man sie kaum studieren kann, ist die tatsächliche Populationsgröße der *Eumops floridanus* unbekannt; die Schätzungen reichen von wenigen Hundert Individuen bis zu wenigen Tausend.

Brillenkakadu, *Cacatua ophthalmica* (gefährdet)

Das auffällige körperliche Merkmal, dem dieser Kakadu seinen Namen verdankt, besteht aus einem Ring blauer Haut um die Augen, der wie eine Brille wirkt.

Unterart der Galapagos-Riesenschildkröte,
*Chelonoidis vandenburghi* (gefährdet)

Von allen Galapagos-Riesenschildkröten ist die Population dieser Unterart eine der größten, die es heute noch gibt: Sie umfasst mehr als 6000 Individuen. Früher war die Population der Schildkrötenart jedoch schätzungsweise 38 000 Tiere stark.

IN DEN VERGANGENEN BEIDEN JAHRZEHNTEN IST

IHR HABITAT MINDESTENS GESCHRUMPFT UM

30%

Sunda-Koboldmaki, *Tarsius bancanus* (gefährdet)

Der Primat ist im Sitzen kaum größer als ein Salzstreuer, und jeder Augapfel hat annähernd das gleiche Volumen wie sein Gehirn. Die kleinen Affen kommen mit vollständiger Behaarung sowie weit aufgerissenen Augen zur Welt und können bereits im Alter von 24 Stunden in ihren Heimatwäldern in Brunei, Indonesien und Malaysia herumklettern.

Afrikanischer Leopard,
*Panthera pardus pardus* (gefährdet)

Die Fellfarben und -muster Afrikanischer Leoparden variieren von Region zu Region, die schwarze Färbungsphase aber ist verhältnismäßig selten. Die Unterschiede in der Farbgebung sind dem Pigment Melanin geschuldet, das auch für den Farbton der menschlichen Hautfarbe verantwortlich ist.

Brillenbär, *Tremarctos ornatus* (gefährdet)

Der Brillen- oder Andenbär ist die einzige bekannte Bärenart, die in Südamerika heimisch ist. Die Tiere bauen sich Plattformen und Schlafnester in den Bäumen der Nebelwälder.

Silberner Wollaffe, *Lagothrix poeppigii* (gefährdet)

Die im Amazonasgebiet lebenden Affen sind größer als die meisten ihrer Verwandten. Die kahle Stelle an ihrem Greifschwanz bietet ihnen beim Klettern in den Bäumen einen sichereren Halt.

Massai-Giraffe, *Giraffa tippelskirchi* (gefährdet)

Die im südlichen und östlichen Afrika weitverbreiteten Giraffen sind beinahe so anpassungsfähig wie groß. Allerdings zeigen jüngere Studien, dass die geradezu legendäre Tierart stärker gefährdet ist, als bislang angenommen. Zwischen 1985 und 2015 haben sich die Giraffenpopulationen in Afrika um ganze 40 Prozent verringert.

ANZAHL DER VON WILDTIERHÄNDLERN ILLEGAL GESAMMELTEN SPEZIES AN EINEM INDISCHEN UMSCHLAGPLATZ, ÜBER

# 55.000

Indische Sternschildkröte,
*Geochelone elegans* (gefährdet)

Das illegale Sammeln der Eier und das illegale Einfangen stellen die größten Bedrohungen für die Indische Sternschildkröte dar. Der Schildkröte wird Glücksbringen nachgesagt, weshalb sie vielerorts als Haustier gehalten wird. Außerdem hat man es aufgrund ihres wunderschön gemusterten Panzers auf sie abgesehen.

Pazifischer Schmuckhornfrosch, *Ceratophrys stolzmanni* (gefährdet)

Diese Frösche sind beinahe ausschließlich während der Regenzeit in Peru und Ecuador aktiv. Dann paaren sie sich für wenige Stunden, bevor sie sich wieder monatelang in der Erde eingraben.

# ≈140 000

## INDIVIDUEN GIBT ES NOCH IN DER NATUR.

**DIE ARKTISCHEN GEWÄSSER** wirken nicht gerade einladend auf diejenigen, die mehr über die kleine, kompakte Ente herausfinden wollen, doch die Scheckente findet sie wenig abschreckend: Sie fühlt sich an den Felsküsten und in der offenen Tundra in den kältesten Gefilden unseres Planeten offensichtlich wohl. Im Winter tauchen ganze Schwärme von Scheckenten gemeinsam unter die Wasseroberfläche, um dort nach Nahrung zu suchen. Anschließend tauchen sie gemeinsam wieder auf. Im Sommer halten sich die Tiere in der Tundra in der Nähe von Teichen oder Flüssen auf und kümmern sich um ihre tiefen, schüsselförmigen Nester. Trotz ihrer Kälteresistenz sinkt die Population der Scheckente, aber woran das liegt, wissen die Forscher nicht. Vielleicht ist es der Klimawandel, vielleicht Bleivergiftung, vielleicht sind es auch zunehmende Fressfeinde – oder es ist etwas ganz anderes. Der raue Lebensraum der Scheckente macht es schwierig, Antworten auf diese Fragen zu finden.

Scheckente, *Polysticta stelleri* (gefährdet)

„ALLE TIERE – EGAL WIE GROSS ODER KLEIN SIE SIND, EGAL WIE SIE AUSSEHEN – SIND WUNDERBAR. JEDES TIER IST EIN LEBENDES KUNSTWERK.

JOEL SARTORE

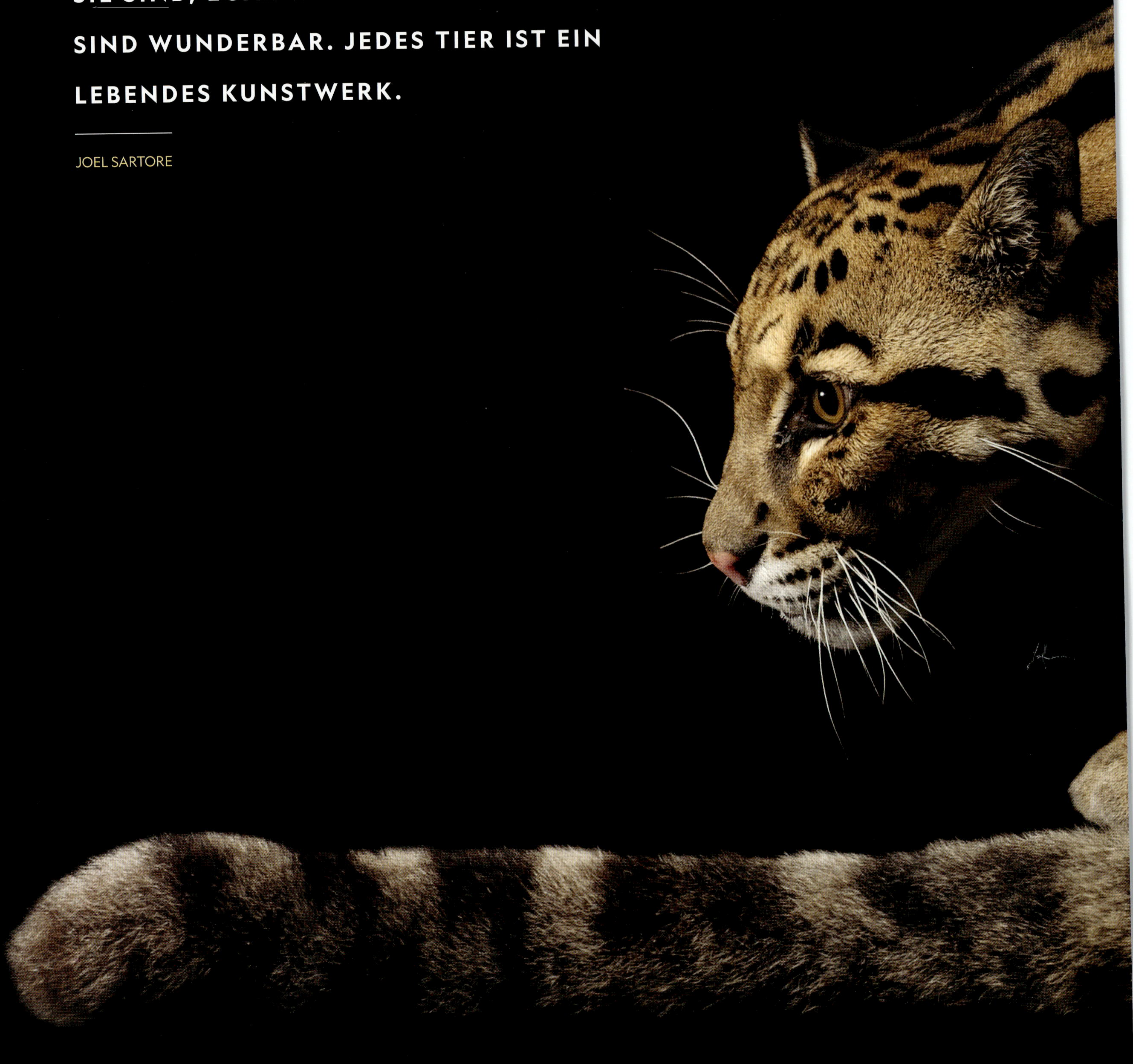

Nebelparder, *Neofelis nebulosa* (gefährdet)

Die kräftigen Beine und der lange Schwanz der Großkatze sorgen für eine ausgezeichnete Balance, wenn der Nebelparder seine Jagdgründe in Asien durchstreift. Leider fällt die Art oft Wilderern zum Opfer, denn ob als Haustier oder Pelz – die Nachfrage nach dem Tier ist groß.

# ÜBER DAS PROJEKT PHOTO ARK

Die Wechselbeziehung zwischen Tieren und ihrer Umgebung erhält unseren Planeten für uns alle bewohnbar. Für viele Arten allerdings wird es eng auf Erden. Der Verlust einer Spezies hat Auswirkungen auf alle anderen, auch auf den Menschen. Die Photo Ark bedient sich der Macht der Fotografie, um Menschen dazu zu bewegen, sich für gefährdete Arten zu engagieren, bevor es zu spät ist. Der Initiator dieses Langzeitprojekts, Joel Sartore, hat bislang mehr als 10 000 Spezies abgelichtet, um jede einzelne Art, die sich in menschlicher Obhut in Zoos oder Schutzgebieten befindet, zu dokumentieren. Er will die Menschen mittels Aufklärung zum Handeln inspirieren und durch die Unterstützung von Schutzmaßnahmen vor Ort zur Rettung der Arten beitragen.

Für ein fotografisches Archiv des globalen Artenreichtums, das am Ende etwa 12 000 Tierporträts beinhalten wird, hat Sartore über 40 Länder bereist. Nach seiner Fertigstellung wird dieses Archiv ein wichtiges Zeugnis für die Existenz eines jeden Tiers und ein noch wichtigeres Plädoyer für deren Rettung darstellen.

Die Anhänger des Projekts sind herzlich eingeladen, sich in den sozialen Netzwerken (#SaveTogether) an der Diskussion über den Schutz von Arten und ihrer Lebensräume zu beteiligen. Mehr unter www.natgeophotoark.org

## MAKING-OFF

Wie also entstehen die Fotos? Das jeweilige Tier wird vor einem schwarzen oder weißen Hintergrund (aus speziellem Stoff) positioniert und »ins rechte Licht« gerückt. Bei kleineren Tieren ist das relativ einfach: Wir setzen sie in unser Fotozelt. Darin sehen die Tiere dann nur die Vorderseite meines Objektivs (siehe linke Seite). Bei größeren, nervöseren Tieren wie Zebras oder Elefanten bauen wir einen Hintergrund auf und verwenden in der Regel natürliches Licht. Den Boden kleiden wir normalerweise nicht aus, damit sich die Tiere nicht erschrecken oder ausrutschen. Füße fotografieren wir dann nicht oder wir färben den Boden per Bildbearbeitung später ein.

Der Großteil unserer Modelle ist schon an den Menschen gewöhnt und deshalb ruhig, wenn wir mit ihnen arbeiten. Dennoch soll das Ganze möglichst rasch über die Bühne gehen, weshalb wir eventuellen Schmutz auch nicht sofort entfernen. Auch das machen wir später durch die Bearbeitung am Computer. Ziel ist ein klares, sehr eindrückliches Porträt des Tiers mit nichts als Schwarz oder Weiß um das Tier herum – um alles, was ablenkt, auszublenden. Um den Betrachter zu fesseln und die Schönheit auch vermeintlich hässlicher oder unscheinbarer Tiere einzufangen.

**LINKS:** Eigentlicher Gundi, *Ctenodactylus gundi* (nicht gefährdet)
**UNTEN:** Douglaswachtel, *Callipepla douglasii* (nicht gefährdet)

**VORHER:** Unser oberstes Gebot lautet, die Fotos schnell zu machen, um den Stress für die Tiere möglichst gering zu halten. Deshalb säubern wir den Hintergrund nachträglich.

**NACHHER:** Das fertige Bild, nachdem der Schmutz digital entfernt wurde.

## ÜBER DEN AUTOR

Joel Sartore ist Fotograf, Autor, Dozent, Umwelt- und Artenschützer sowie National Geographic Fellow mit regelmäßigen Beiträgen für National Geographic. Seine Kennzeichen sind Sinn für Humor und ein protestantisches Arbeitsethos. Sartore hat sich auf die Dokumentation gefährdeter Arten und Landschaften weltweit spezialisiert. Er ist der Initiator des Projekts Photo Ark, das auf 25 Jahre angelegt ist und der Rettung von Arten und Habitaten dient. Sartore ist auch für die Zeitschriften *Sports Illustrated, Smithsonian* und *The New York Times* sowie für zahlreiche Buchprojekte tätig.

So gern er auch reist, so gern kehrt er auch nach Hause (Lincoln, Nebraska) zurück, wo er mit seiner Frau Kathy und den drei Kindern lebt.

## DANKSAGUNG

Für mich ist ein Held, wer immer das Richtige tut und dabei nie nur an sich selbst denkt. Wahre Helden arbeiten jahrelang hart daran, etwas besser zu machen, erwarten dafür aber weder Anerkennung noch Lob. In meiner Welt sind jene Menschen heldenhaft, die durch die ganze Nacht fahren, um ein verletztes Tier zu bergen. Sie pflegen es, um Monate später wieder die ganze Nacht durch zu fahren und das Tier an seinen Heimatort zurückzubringen.

Helden sind für mich Tierpfleger, Aquaristikspezialisten und Züchter auf der ganzen Welt, die versuchen, Populationen aufrechtzuerhalten oder wiederherzustellen, bis wir endlich eingesehen haben, dass wir den Lebensraum der Tiere schützen müssen, damit sie es eigenständig schaffen. Helden sind Dozenten, Spender und Fürsprecher, die der Natur mit Wissen, Geld und Beharrlichkeit dienen.

Unterstützung und die enorme Reichweite von National Geographic für die Photo Ark werden uns weiterhin zur Verfügung gestellt; das wissen wir sehr zu schätzen.

Aus seinem Büro in Frankreich hält uns Pierre de Chabannes, unser Spezialist für Taxonomie, zu jeder Tages- und Nachtzeit auf dem Laufenden.

Unser Hauptquartier befindet sich in Lincoln, Nebraska, aus gutem Grund. Nirgendwo sonst hätten wir ein Team wie das von Alanna, Bryn, Dakota, Keri und Tarah mit Rebecca an der Spitze. Und unser brillanter Freund Clark DeVries berät uns in allen Dingen, seien sie nun groß oder klein.

Zu Hause mögen Kathy, Cole, Ellen und Spencer es zwar nicht, dass ich so häufig unterwegs bin, aber sie haben Verständnis dafür.
Alles Helden.

Bonobo, *Pan paniscus* (stark gefährdet)

Der Bonobo Kanzi lernte per Lexigramm zu kommunizieren. Heute »spricht« er nicht nur für sich selbst, sondern vermittelt den Biologen auch, was andere Bonobos sagen. Als er nach diesem Porträt gebeten wurde, auf den Auslöser zu drücken, um ein Foto von Joel zu machen, tat er das sofort. Das Ergebnis ist links zu sehen.

# HELDEN DES ARTENSCHUTZES

Besuchen wir einen Zoo oder ein Zentrum für Naturschutz, stehen zunächst die Tiere im Mittelpunkt der Aufmerksamkeit. Hinter den Kulissen jedoch arbeiten viele engagierte Menschen. Sie sind die wahren Helden der Photo Ark: Tierpfleger, Zoologen, Artenschützer, Forscher, Tierärzte, Kuratoren, Ranger und Auswilderungsexperten, die mit Herz und Seele bei der Sache sind und viel Zeit investieren, um die Tiere auf unserem Planeten am Leben und gesund zu erhalten, sie zu züchten und im besten Fall in ihre natürliche Umgebung zurückzubringen. In diesem Buch sind sie immer wieder zu Wort gekommen. Sie berichten, was nötig ist, um die Erde im Gleichgewicht zu halten, um ihren Reichtum und ihre Artenvielfalt zu bewahren, damit sie auch für kommende Generationen lebenswert bleibt. Unsere Helden des Artenschutzes:

## JENNY GRAY

**Geschäftsführerin von Zoos Victoria (Australien)**

Die ausgebildete Bauingenieurin war für ein großes südafrikanisches Busunternehmen sowie als Bankerin tätig, bevor sie zur Zoobranche stieß. Seit sie 2008 die Führung von Zoos Victoria übernommen hat, verstärkt sie gemeinsam mit ihren Mitarbeitern die Arten- und Umweltschutzbemühungen der Zoos, wobei sie sich auf 21 in Victoria heimische Arten konzentriert, darunter den Hörnchenbeutler und den Tasmanischen Langnasenbeutler. Vor Kurzem ist es den Wissenschaftlern des Victoria Zoo und ihren Teams gelungen, mehrere Populationen einer auf dem Festland vorkommenden Unterart von Langnasenbeutlern zu etablieren, die als in der Natur ausgestorben eingestuft wird. Auch der Bestand des Hörnchenbeutlers – genauer: der Flachland-Unterart – ist dramatisch gesunken: Man schätzt, dass es mittlerweile noch nicht einmal mehr 40 Individuen in freier Wildbahn gibt. Gray hat ihren Doktor in Ethik an der Universität von Melbourne gemacht und ist Autorin des 2017 erschienenen Buchs *Zoo Ethics*. SEITE 104

## MICHAEL MEYERHOFF

**Projektleiter, Angkor Centre for Conservation of Biodiversity**

Der ausgebildete Tierpfleger (Spezialgebiete Vögel und Schildkröten) hatte schon einige Positionen am Angkor Centre for Conservation of Biodiversity inne. Das Naturschutzzentrum in Kambodscha, das auch als Auffangstation fungiert, wurde vom Allwetterzoo Münster gegründet. Seit seiner Kindheit ist Meyerhoff von seiner Leidenschaft für Tiere getrieben, die ihn schließlich dazu führte, sich der Rettung stark gefährdeter Arten zu verschreiben. Da die Landerschließung in Kambodscha rapide voranschreitet, gehört es vor allem zu den Aufgaben des Zentrums, in Kambodscha heimische und vom Aussterben bedrohte Tiere zu retten, zu pflegen, zu züchten und nach Möglichkeit wieder auszuwildern. Zu diesen Tieren zählen auch der Riesenibis sowie der Weißschulteribis, zwei der seltensten Vogelarten der Welt, und die *Batagur affinis*, eine Schildkröte aus der Familie der Altwelt-Sumpfschildkröten, die in freier Wildbahn nur noch mit 500 Individuen vertreten ist. SEITE 138

## STEVE SHURTER

**Geschäftsführender Direktor, White Oak Conservation (Florida)**

Steve Shurter ist auf einem Milchbauernhof im Westen des US-Staates New York aufgewachsen. Er studierte Tierzuchtwissenschaft und war als Tierpfleger tätig, bevor er Artenschützer wurde. Seit über 30 Jahren engagiert er sich in der Demokratischen Republik Kongo für Okapis. Im Jahr 2013 wurde er geschäftsführender Direktor von White Oak Conservation in Florida, eines Naturschutzzentrums, das sich der Nachzucht gefährdeter Arten sowie der Ausbildung von Artenschützern widmet. Die Zuchtprogramme konzentrieren sich auf einige der am stärksten gefährdeten Arten der Welt, darunter das Okapi, den Florida-Puma und das Südliche Spitzmaulnashorn. In den Jahren 2017 und 2018 konnte man dort *Ammodramus savannarum floridanus* züchten, einen Sperlingsvogel aus der Familie der Neuweltammern, der vom Aussterben bedroht ist. Gemeinsam mit dem U.S. Fish and Wildlife Service versucht die Einrichtung nun, den Vogel wieder auszuwildern. SEITE 173

## JAMIE RAPPAPORT CLARK

**Vorsitzende und Geschäftsführerin, Defenders of Wildlife (USA)**

Ihr Engagement für den Natur- und Artenschutz begann bereits auf dem College, wo sie bei der Wiederauswilderung gefährdeter Wanderfalken half. Danach stand sie an der Spitze der US-amerikanischen Bundestier- und -artenschutzbehörde; sie hat schon viele Male vor dem Kongress ausgesagt und führt eine der wichtigsten Naturschutzorganisationen des Landes. Während Clarks Amtszeit als Vorsitzende des U.S. Fish and Wildlife Service zwischen 1997 und 2001 trug sie entscheidend zur Erholung der Bestände von Weißkopfseeadler und Wolf bei, 1999 konnte sie den Wanderfalken von der Liste der gefährdeten Arten nehmen. 2004 wechselte sie zu Defenders of Wildlife, deren Vorsitz und Geschäftsführung sie im Jahr 2011 übernahm. Unermüdlich setzt sie sich von Washington, D.C. aus für ein Artenschutzabkommen und weitere Umweltschutzmaßnahmen ein. SEITE 203

## ZACHARY LOUGHMAN

**Lehrbeauftragter für Biologie und Zoowissenschaft und Koordinator für Angewandte Naturschutzbiologie, West Liberty University (West Virginia)**

Als einer von wenigen Wissenschaftlern weltweit, die sich mit Krebsen beschäftigen, konzentriert sich Zachary Loughman auf die Krebsfauna der zentralen Appalachen. Mithilfe seiner Studenten hat Loughman in den vergangenen zehn Jahren zahlreiche Naturschutzmaßnahmen im gesamten Südosten der USA abgeschlossen und über zehn dahin unbekannte Krebsarten wissenschaftlich beschrieben. Etwa die Hälfte davon bedurfte sofortigen Artenschutzes, darunter *Cambarus callainus*, der als bundesweit gefährdet eingestuft wurde. Zudem entdeckte Loughman die Art *Cambarus veteranus* wieder, die bis dahin als ausgestorben galt und nur in einem kurzen Abschnitt zweier Flüsse in den Kohlerevieren im südlichen West Virginia vorkommt. Beide Spezies sind durch Bergbau und Landerschließung gefährdet, weil sich dadurch in den Heimatgewässern des Flusskrebses zu viele Sedimente ablagern. Durch seine Forschungen konnten Staats- und Bundesbehörden rasch Maßnahmen zum Schutz beider gefährdeter Flusskrebsarten ergreifen. SEITE 239

## WEN HAUR CHENG

**Stellvertretender Geschäftsführer und wissenschaftlicher Leiter, Wildlife Reserves Singapur**

Der studierte Tierarzt hat in mehreren Zoos (China, Australien und Singapur) gearbeitet, bevor er sich ganz den Wildlife Reserves Singapur widmete. Dort überwacht er die Tiere in vier Tierparks und kümmert sich um die tierärztliche Betreuung, den Bildungsauftrag, Naturschutz und Forschung sowie um das Ausstellungsdesign. Rund fünf Millionen Besucher erleben die 1000 Spezies der Parks jährlich. Die Mitarbeiter von Wildlife Reserves Singapur sind auch hinter den Kulissen aktiv, um seltene Tiere zu retten. Die Einrichtung führt Zuchtprogramme zur Erhaltung der Birmesischen Dachschildkröte und anderer stark gefährdeter Arten durch, Tierärzte behandeln die vom Aussterben bedrohten Malaiischen Schuppentiere, die auf den Straßen Singapurs angefahren wurden und anschließend mit etwas Glück wieder ausgewildert werden. SEITE 284

## STEVE SHERROD

**Geschäftsführender Direktor Emeritus, Leitung Naturschutz, Sutton Avian Research Center (Oklahoma)**

In seiner 40-jährigen Laufbahn als Naturschützer hat Steve Sherrod unter anderem bei der Erhaltung zweier gefährdeter Vogelarten eine Schlüsselrolle gespielt, sodass diese von der Liste der bedrohten Arten genommen werden konnten. In den 1980er-Jahren überwachte der studierte Biologe die Wiederauswilderung von in Gefangenschaft gezüchteten Wanderfalken in den östlichen USA. Als geschäftsführender Direktor des Sutton Center initiierte er ein Programm zur Aufzucht frisch geschlüpfter Weißkopfseeadler hinter Glas, die er in Oklahoma – dort gab es zu dieser Zeit keine Brutpaare, heute sind es wieder 160 –, Mississippi, Alabama, Georgia und North Carolina in die Freiheit entließ. In jüngerer Zeit war er maßgeblich an der Entwicklung eines neuen Programms des Sutton Center zur Nachzucht einer stark gefährdeten Unterart des Präriehuhns (*Tympanuchus cupido attwateri*) beteiligt, die in Texas wieder ausgewildert wurde. SEITE 323

## KATHY RUSSELL

**Hauptkuratorin, Santa Fe College Teaching Zoo (Florida)**

Kathy Russell hat ein Mathematikstudium abgeschlossen und in einer Bank gearbeitet, bevor ihr Interesse für Tiere sie an das Santa Fe College führte, wo sie einen weiteren Abschluss in Zootiertechnologie machte. Rund 30 Jahre lang war Russell in dem 1000 Quadratmeter großen Lehrzoo des Santa Fe College tätig, wo sie Generationen von Tierpflegern mit dem Schwerpunkt Nachhaltigkeit und Naturschutz ausbildete. Der Zoo ist einer von nur zwei Lehrzoos in den USA – und der einzige von der Association of Zoos and Aquariums anerkannte – und führt Zuchtprogramme in Gefangenschaft für zahlreiche gefährdete Arten durch, darunter für das Matschie-Baumkänguru, den Roten Vari und den Zwergotter. Seit 2007 arbeitet der Zoo mit Staats- und Bundesbeamten zusammen, um eine Population der gefährdeten Küstenmausunterart *Peromyscus polionotus trissyllepsis* in Gefangenschaft zu erhalten. Damals gab es nur noch eine Handvoll der Tiere, heute sind sie dank der Schutzbemühungen des Zoos und seiner Partner seit 40 Jahren wieder auf ihrer Heimatinsel Perdido Key (Florida) ansässig. SEITE 330

## FRANK RIDGLEY

**Leiter der Artenschutz- und Forschungsabteilung, Zoo Miami (Florida)**

Der Wildtierarzt leitet die Artenschutz- und Forschungsabteilung des Zoos Miami und verbindet die wissenschaftlichen Studien der seltensten Tiere Floridas mit Artenschutzmaßnahmen vor Ort. Er hat mit verschiedenen Spezies in Südflorida gearbeitet, darunter mit dem Florida-Puma, dem Kubaflamingo und der als bundesweit gefährdet eingestuften Bulldoggfledermaus *(Eumops floridanus)*. Trotz seines sinkenden Bestandes wissen Forscher und Naturschützer immer noch recht wenig über das Tier. Ridgley und sein Team helfen Naturschutzorganisationen mittels akustischer Studien dabei, mehr über die Spezies herauszufinden; zudem errichten sie in Dade County künstliche Schlafplätze für die Fledermausart. Und schließlich behandeln und pflegen sie verletzte Tiere, die nach Genesung wieder ausgewildert werden. SEITE 365

# MITWIRKENDE AN DIESEM BUCH

## ELIZABETH KOLBERT

Die Verfasserin des Vorworts ist Autorin bei dem Magazin *The New Yorker*. Ihr jüngstes Buch, *Das sechste Sterben: Wie der Mensch Naturgeschichte schreibt*, erhielt 2015 den Pulitzer-Preis in der Kategorie Sachbuch. Zudem verfasste sie *Vor uns die Sintflut: Depeschen von der Klimafront*. Die zweifache Gewinnerin des amerikanischen Journalistenpreises National Magazine Award ist auch Gastreferentin des Center for Environmental Studies am Williams College in Williamstown, Massachusetts.

---

## PIERRE DE CHABANNES

Der in Frankreich ansässige de Chabannes (Recherche) ist seit 2015 als Taxonomieexperte für das Projekt Photo Ark tätig. Er ist ohne Fernseher aufgewachsen und war deshalb schon als Kind von Naturbildbänden fasziniert. Ferien verbrachte er in einer abgelegenen Blockhütte der Familie in den Alpen; diese Zeit in der Natur stachelte sein Interesse zusätzlich an. Mittlerweile hat er mehr als 340 Zoos in 31 Ländern besucht und identifiziert nicht nur die Spezies für die Photo Ark, sondern kundschaftet auch neue Örtlichkeiten aus und organisiert Shootings in Zoos, Aquarien und Auffangstationen rund um den Globus.

## LIBBY SANDER

Sander (Hauptautorin) ist Schriftstellerin und Redakteurin; ihre Features sind vielfach publiziert worden, etwa in *The New York Times*, *The Washington Post* und *The Chronicle of Higher Education*. Sie liebt Tiere und die Natur schon ihr ganzes Leben lang und widmet ihre jüngeren Arbeiten deshalb ganz den Themen Tiere und Natur-/Artenschutz. Sie hat am Bryn Mawr College sowie an der Northwestern University studiert und lebt mit ihrer Familie in Washington, D.C.

## BRADLEY HAGUE

Hague (Verfasser der Bildunterschriften) ist wissenschaftlicher Schriftsteller und Videoproduzent, seine Geschichten decken die tiefsten Tiefen des Ozeans ebenso ab wie die ursprünglichsten Ecken der afrikanischen Savanne. Er hat zwei Bücher für National Geographic geschrieben und für zahlreiche andere Beiträge geliefert. Zudem sind seine Videoarbeiten im Smithsonian Channel, im Discovery Channel und im National Geographic Channel zu sehen. Wenn er nicht gerade neue Entdeckungen macht, lebt er mit Frau und Sohn in Washington, D.C.

## PHOTO ARK EDGE FELLOWS

Für Tausende von Geschöpfen, die auf der Erde leben, wird die Zeit knapp. Und obwohl Tiere und unberührte Orte auf unserem Planeten in alarmierender Geschwindigkeit verschwinden, stehen für den Schutz der meisten gefährdeten Arten kaum oder keine Gelder zur Verfügung. Zur Abhilfe haben die National Geographic Society und die Zoological Society of London (ZSL) ein gemeinsames Finanzierungsprojekt ins Leben gerufen. In Zusammenarbeit mit dem EDGE of Existence Program des ZSL, das sich den ungewöhnlichsten und gefährdetsten Arten unseres Planeten widmet, unterstützt die National Geographic Photo Ark EDGE Fellowship Artenschutzprojekte direkt vor Ort, um die Tiere der Photo Ark zu retten. Die Gründungsgruppe der Mitglieder, alle aus Lateinamerika, nahm ihre Arbeit im Jahr 2018 auf, darauf folgte 2019 eine Gruppe in Asien.

**ADRIAN LYNGDOH**
**LAND:** Indien
**EDGE-SPEZIES:** Bengalischer Plumplori *(Nycticebus bengalensis);* gefährdet; *auf Seite 269 abgebildet*

**ALIFA HAQUE**
**LAND:** Bangladesch
**EDGE-SPEZIES:** Gewöhnlicher Sägefisch *(Pristis pristis);* vom Aussterben bedroht

**ASHISH BASHYAL**
**LAND:** Nepal
**EDGE-SPEZIES:** Gangesgavial *(Gavialis gangeticus);* vom Aussterben bedroht; *auf Seiten 118–119 abgebildet*

**AYUSHI JAIN**
**LAND:** Indien
**EDGE-SPEZIES:** Cantors Riesenweichschildkröte *(Pelochelys cantorii);* stark gefährdet

**DANIEL ARAUZ**
**LAND:** Costa Rica
**EDGE-SPEZIES:** Echte Karettschildkröte *(Eretmochelys imbricata);* vom Aussterben bedroht

**DAVID QUIMBO**
**LAND:** Philippinen
**EDGE-SPEZIES:** Panayhornvogel *(Rhabdotorrhinus waldeni);* vom Aussterben bedroht; *auf Seiten 70–71 abgebildet*

**GINELLE JANE A. GACASAN**
**LAND:** Philippinen
**EDGE-SPEZIES:** Grüne Meeresschildkröte *(Chelonia mydas);* stark gefährdet

**HA HOANG**
**LAND:** Vietnam
**EDGE-SPEZIES:** Großkopfschildkröte *(Platysternon megacephalum);* vom Aussterben bedroht

**JAILABDEEN A**
**LAND:** Indien
**EDGE-SPEZIES:** Gangesgavial *(Gavialis gangeticus);* vom Aussterben bedroht; *auf Seiten 118–119 abgebildet*

**JAMAL GALVES**
**LAND:** Belize
**EDGE-SPEZIES:** Unterart des Karibik-Manati *(Trichechus manatus manatus);* stark gefährdet

**JONATHAN PHU JIUN LANG**
**LAND:** Malaysia
**EDGE-SPEZIES:** Grüne Meeresschildkröte *(Chelonia mydas);* stark gefährdet

**MARINA RIVERO**
**LAND:** Mexiko
**EDGE-SPEZIES:** Mittelamerikanischer Tapir *(Tapirus bairdii);* stark gefährdet

**MOUMITA CHAKRABORTY**
**LAND:** Indien
**EDGE-SPEZIES:** Kleiner Panda *(Ailurus fulgens);* stark gefährdet; *auf Seite 148 abgebildet*

**NGO HANH**
**LAND:** Vietnam
**EDGE-SPEZIES:** Chinesische Krokodilschwanzechse *(Shinisaurus crocodilurus);* stark gefährdet

**OTGONTUYA BATSUURI**
**LAND:** Mongolei
**EDGE-SPEZIES:** Nonnenkranich *(Leucogeranus leucogeranus);* vom Aussterben bedroht

**RANJANA BHATTA**
**LAND:** Nepal
**EDGE-SPEZIES:** Gangesgavial *(Gavialis gangeticus);* vom Aussterben bedroht; *auf Seiten 118–119 abgebildet*

**SUM PHEARUN**
**LAND:** Kambodscha
**EDGE-SPEZIES:** Riesenibis *(Thaumatibis gigantea);* vom Aussterben bedroht

**VINICIUS ALBERICI ROBERTO**
**LAND:** Brasilien
**EDGE-SPEZIES:** Großer Ameisenbär *(Myrmecophaga tridactyla);* gefährdet; *auf Seiten 304–305 abgebildet*

**YAJAIRA GARCIA FERIA**
**LAND:** Mexiko
**EDGE-SPEZIES:** Vulkankaninchen *(Romerolagus diazi);* stark gefährdet; *auf Seite 214 abgebildet*

EDGE

ZSL
LET'S WORK FOR WILDLIFE

NATIONAL GEOGRAPHIC
PHOTO ARK
JOEL SARTORE

# VERZEICHNIS DER TIERE

*Die Tiere sind in der Reihenfolge, in der sie im Buch erscheinen, aufgelistet. Nach dem Trivialnamen der Spezies folgen das Jahr der jüngsten IUCN-Beurteilung, der Ort, an dem das Foto entstand, und ggf. die Website.*

1: Kaiseramazone (2016) I Rare Species Conservatory Foundation, Loxahatchee, Florida (USA) *rarespecies.org*

2–3: Westlicher Flachlandgorilla (2016) I Omaha's Henry Doorly Zoo and Aquarium, Omaha, Nebraska (USA) *omahazoo.com*

4–5: Cagles Höckerschildkröte (2010) I National Mississippi River Museum and Aquarium, Dubuque, Iowa (USA) *rivermuseum.com*

6: Goldlangur (2008) I Assam State Zoo and Botanical Garden, Guwahati, Indien *assamstatezoo.com*

8–9: Sehuencas-Wasserfrösche (2004) I Alcide d'Orbigny Natural History Museum, Cochabamba, Bolivien *museodorbigny.org*

11: Brillenpinguin (2018) I Hogle Zoo, Salt Lake City, Utah (USA) *hoglezoo.org*

12–13: Berberlöwe (2014) I Zoo Pilsen, Pilsen, Tschechische Republik *zooplzen.cz*

14–15: Springbarsch-Art (2011) I Conservation Fisheries, Knoxville, Tennessee (USA) *conservationfisheries.org*

16: Nördliches Breitmaulnashorn (2011) I Dvůr Králové Zoo, Dvůr Králové nad Labem, Tschechische Republik *safaripark.cz*

20–21: Amazonas-Manati (2019) I Instituto Nacional de Pesquisas da Amazônia (INPA), Manaus, Brasilien *portal.inpa.gov.br*

22–23: Malaiisches Schuppentier (2013) I Carnivore and Pangolin Conservation Center, Cúc Phuong National Park, Ninh Binh Province, Vietnam *ucphuongtourism.com.vn*

## GEISTER

26–27: Gelbstirn-Waldsänger (2016) I Tall Timbers Research Station and Land Conservancy, Tallahassee, Florida (USA) *talltimbers.org*

28: Rabbs Fransenzehen-Laubfrosch (2009) I Atlanta Botanical Garden, Atlanta, Georgia (USA) *atlantabg.org*

29: Guamralle (2016) I Sedgwick County Zoo, Wichita, Kansas (USA) *scz.org*

30–31: Ameca-Kärpfling (1996) I Denver Aquarium, Denver, Colorado (USA) *aquarium-restaurants.com/downtownaquariumdenver*

32–33: Columbia-Basin-Zwergkaninchen (2016) I Oregon Zoo, Portland (USA) *oregonzoo.org*

34–35: Schmetterling aus der Gattung der Perlmutterfalter I Florida Museum of Natural History, Gainesville, Florida (USA) *floridamuseum.ufl.edu*

36–37: Zimtkopfliest (2016) I Houston Zoo, Houston, Texas (USA) *houstonzoo.org*

38: Säbelantilope (2016) I Rolling Hills Wildlife Adventure, Salina, Kansas (USA) *rollinghillszoo.org*

39: Davidshirsch (2016) I Zoo de Madrid, Madrid, Spanien *zoomadrid.com*

40–41: Südchinesischer Tiger (2008) I Suzhou Zoo, Suzhou, China *suzhou-zoo.com*

42: Elfenbeinspecht (2016) I University of Nebraska State Museum, Lincoln, Nebraska (USA) *museum.unl.edu*

43: Schwarze Strandammer (2018) I Florida Museum of Natural History, Gainesville, Florida (USA) *floridamuseum.ufl.edu*

44-5: Schneckenart aus der Gattung Partula (2007) I Saint Louis Zoo, St. Louis, Missouri (USA) *stlzoo.org*

46: Wyoming-Kröte (2004) I Omaha's Henry Doorly Zoo and Aquarium, Omaha, Nebraska (USA) *omahazoo.com*

47: Kihansi-Gischtkröte (2014) I Toledo Zoo & Aquarium, Toledo, Ohio (USA) *toledozoo.org*

48–49: Spix-Ara (2018) I São Paulo Zoo, São Paulo, Brasilien *zoologico.com.br*

## VERLUST

50–51: Sumatra-Orang-Utan (2017) I Rolling Hills Wildlife Adventure, Salina, Kansas (USA) *rollinghillszoo.org*

52: Kakapo (2016) I Zealandia, Wellington, Neuseeland *visitzealandia.com*

53: Mongozmaki (2012) I Omaha's Henry Doorly Zoo and Aquarium, Omaha, Nebraska (USA) *omahazoo.com*

54–55: Wagners Bergotter (2008) I Saint Louis Zoo, St. Louis, Missouri (USA) *stlzoo.org*

56–57: Brauner Klammeraffe (2008) I Piscilago Zoo, Bogotá, Kolumbien *piscilago.co/zoologico*

58–59: Java-Leopard (2008) I Berlin Tierpark, Berlin, Deutschland *tierpark-berlin.de*

60: Negros-Dolchstichtaube (2016) I Talarak Foundation, Negros, Philippinen *talarak.org*

61: Warzenhonigfresser (2016) I Melbourne Zoo, Melbourne, Australien *zoo.org.au/melbourne*

62–63: Fisch aus der Gattung der Buntbarsche (2016) I Aquarium Tropical du Palais de la Porte Dorée, Paris, Frankreich *aquarium-tropical.fr*

64–65: Mhorrgazelle (2015) I Budapest Zoo, Budapest, Ungarn *zoobudapest.com*

66–67: Baumhummer (2017) I Melbourne Zoo, Melbourne, Australien *zoo.org.au/melbourne*

68–69: Philippinen-Krokodil (2012) I Gladys Porter Zoo, Brownsville, Texas (USA) *gpz.org*

70–71: Panayhornvogel (2016) I Talarak Foundation, Negros, Philippinen *talarak.org*

72: Sumatra-Tiger (2008) I Berlin Tierpark, Berlin, Deutschland *tierpark-berlin.de*

73: Unterart des Visayas-Pustelschweins (2016) I Negros Forest Park, Negros, Philippinen *facebook.com/negrosforestandecological-foundationinc*

74–75: Bandulabarbe (1996) I Zoo Pilsen, Pilsen, Tschechische Republik *zooplzen.cz*

76–77: Sumatra-Elefant (2011) I Taman Safari Park, Süd-Jakarta, Indonesien *tamansafari.com*

78–79: Unterart des Borneo-Orang-Utan (2016) I Avilon Zoo, Rodriguez, Philippinen *avilonzoo.ph*

80: Unterart des Kurdischen Bergbachmolchs (2008) I Wroclaw Zoo, Wroclaw, Polen *zoo.wroclaw.pl*

81: Amerikanischer Totengräber (1996) I St. Louis Zoo, St. Louis, Missouri (USA) *stlzoo.org*

82–83: Philippinenadler (2016) I Philippine Eagle Center, Davao Island, Philippinen *philippineeaglefoundation.org*

84: Key-Largo-Baumwollmaus (2016) I Crocodile Lake National Wildlife Refuge, Key Largo, Florida (USA) *fws.gov/refuge/crocodile_lake/*

84: Key-Weißwedelhirsch (2015) I Zoo Tampa im Lowry Park, Tampa, Florida (USA) *zootampa.org*

84: Florida-Baumschnecke (2000) | Crocodile Lake National Wildlife Refuge, Key Largo, Florida (USA) *fws.gov/refuge/crocodile_lake/*

85: Lower-Keys-Marschkaninchen (2008) | Key West, Florida (USA)

85: Nagetier aus der Gattung der Reisratten (2016) | Key West, Florida (USA)

85: Schaus-Schwalbenschwanz | Florida Museum of Natural History, Gainesville, Florida (USA) *floridamuseum.ufl.edu*

85: Key-Largo-Waldratte (2016) | Disney's Animal Kingdom, Orlando, Florida (USA) *disneyworld.disney.go.com/attractions/animal-kingdom/*

86–87: Somali-Wildesel (2014) | Dallas Zoo, Dallas, Texas (USA) *dallaszoo.com*

88–89: Blaue Ornament-Vogelspinne (2008) | Sedgwick County Zoo, Wichita, Kansas (USA) *scz.org*

90–91: Zwergwildschwein (2008) | Pygmy Hog Research and Breeding Centre, Assam, Indien *pygmyhog.org*

92: Hellköpfiger Schwarzlangur (2008) | Endangered Primate Rescue Center, Cúc Phuong National Park, Ninh Bình Province, Vietnam *eprc.asia*

93: Diademsifaka (2012) | Lemuria Land, Nosy Be, Madagaskar *lemurialand.com*

94–95: Titicaca-Riesenfrosch (2004) | Alcide d'Orbigny Natural History Museum, Cochabamba, Bolivien *museodorbigny.org*

96–97: Satansaffe (2008) | Zoo Brasilia, Brasilia, Brasilien *zoo.df.gov.br*

98–99: Madagaskarseeadler (2016) | Botanical and Zoological Garden of Tsimbazaza, Antananarivo, Madagaskar

100–101: Pilalo-Laubfrosch (2004) | Balsa de los Sapos, Catholic University, Quito, Ecuador *bioweb.puce.edu.ec*

102: Tabascoschildkröte (2006) | Oklahoma City Zoo, Oklahoma City, Oklahoma (USA) *okczoo.org*

103: Java-Plumplori (2013) | Night Safari, Singapur *nightsafari.com.sg*

104–105: Hörnchenbeutler (2014) | Healesville Sanctuary, Healesville, Australien *zoo.org.au/healesville*

106–107: Malaysia-Tiger (2014) | Omaha's Henry Doorly Zoo and Aquarium, Omaha, Nebraska (USA) *omahazoo.com*

108: Schwarzflügelstar (2016) | Nature Conservation Agency, Jakarta, Indonesien *bksdadki.com*

108: Rubinkehlbülbül (2016) | Zoo Pilsen, Pilsen, Tschechische Republik *zooplzen.cz*

108: Dickschnabel-Blattvogel (2016) | Sedgwick County Zoo, Wichita, Kansas (USA) *scz.org*

109: Rotstirnhäherling (2016) | Zoo Pilsen, Pilsen, Tschechische Republik *zooplzen.cz*

109: Balistar (2016) | Zoo Lissabon, Lissabon, Portugal *zoo.pt*

109: Weißhaubenhäherling (2016) | Zoo Pilsen, Pilsen, Tschechische Republik *zooplzen.cz*

109: Java-Buschelster (2018) | Taman Safari, Süd-Jakarta, Indonesien *tamansafari.com*

110: Schopfaffe (2008) | Omaha's Henry Doorly Zoo and Aquarium, Omaha, Nebraska (USA) *omahazoo.com*

111: Nördlicher Weißwangen-Schopfgibbon (2008) | Gibbon Conservation Center, Santa Clarita, Kalifornien (USA) *gibboncenter.org*

112–113: Mendesantilope (2016) | Buffalo Zoo, Buffalo, New York (USA) *buffalozoo.org*

114–115: Europäischer Aal (2013) | Centre for Environmental Education, Miramar, Portugal *cm-gaia.pt*

116: Europäischer Nerz (2015) | Zoo de Madrid, Madrid, Spanien *zoomadrid.com*

117: Kröte aus der Ordnung der Froschlurche (2008) | Sedgwick County Zoo, Wichita, Kansas (USA) *scz.org*

118–119: Gangesgavial (2007) | Kukrail Gharial and Turtle Rehabilitation Centre, Lucknow, Indien *uptourism.gov.in/post/kukrail-forest*

120–121: Unterart des Sumatra-Nashorns (2008) | White Oak Conservation Center, Cincinnati, Ohio (USA) *whiteoakwildlife.org*

122–123: Hirschgeweihkoralle (2008) | Butterfly Pavilion, Westminster, Colorado (USA) *butterflies.org*

124–125: Schottische Wildkatze (2014) | Wildcat Haven, Roy Bridge, Schottland *wildcathaven.com*

126–127: Cross-River-Gorilla (2016) | Limbe Wildlife Centre, Limbe, Kamerun *limbewildlife.org*

128: Siau-Koboldmaki (2010) | Ragunan Zoo, Jakarta, Indonesien *ragunanzoo.jakarta.go.id*

129: Talaud-Bärenkuskus (2015) | Privatzoo

130–131: Orangehaubenkakadu (2018) | Jurong Bird Park, Singapur *birdpark.com.sg*

132–133: Fisch aus der Familie der Hochlandkärpflinge (2011) | Desert National Wildlife Refuge, Corn Creek, Nevada (USA) *fws.gov/refuge/desert/*

134–135: Blauaugenmaki (2012) | Duke Lemur Center, Durham, North Carolina (USA) *lemur.duke.edu*

136: Süßwasserschnecke aus der Familie der Wattschnecken (2012) | Phoenix Zoo, Phoenix, Arizona (USA) *phoenixzoo.org*

137: Süßwassermuschel aus der Familie der Fluss- und Teichmuscheln (1996) | USGS Wetland and Aquatic Research Center, Gainesville, Florida (USA) *usgs.gov/warc*

138–139: Weißschulteribis (2016) | Phnom Tamao Wildlife Rescue Center, Tro Pang Sap, Kambodscha *wildlifealliance.org/wildlife-phnom-tamao*

140: Rotwolf (2008) | Great Plains Zoo, Sioux Falls, South Dakota (USA) *greatzoo.org*

141: Grauschenkliger Kleideraffe (2008) | Cúc Phuong National Park, Ninh Bình Province, Vietnam *eprc.asia*

142–143: Jangtse-Riesenweichschildkröte (2000) | Suzhou Zoo, Suzhou, China *suzhou-zoo.com*

144–145: Tamarau (2016) | Tamaraw Gene Pool Farm, Mindoro Island, Philippinen *facebook.com/tamarawdenr*

## BEDROHUNG

146–147: Unterart des Tariktik-Hornvogels (2016) | Negros Forest Park, Negros, Philippinen *facebook.com/negrosforestandecologicalfoundationinc*

148: Kleiner Panda (2015) | Virginia Zoo, Norfolk (USA) *virginiazoo.org*

149: Schopfkapuzineraffe (2008) | Los Angeles Zoo, Los Angeles, Kalifornien (USA) *lazoo.org*

150–151: Wipfelbaumsteiger (2009) | Privatzoo

152: Kaka (2016) | Auckland Zoo, Auckland, Neuseeland *aucklandzoo.co.nz*

153: Chaco-Pekari (2011) | Sedgwick County Zoo, Wichita, Kansas (USA) *scz.org*

154–155: Asiatischer Elefant (2008) | Los Angeles Zoo, Los Angeles, Kalifornien (USA) *azoo.org*

156–157: Fische aus der Familie der Echten Barsche (2011) | Conservation Fisheries, Knoxville, Tennessee (USA) *conservationfisheries.org*

158: Bartaffe (2008) | Singapore Zoo, Singapur *zoo.com.sg*

159: Halsbandmaki (2012) | Omaha's Henry Doorly Zoo and Aquarium, Omaha, Nebraska (USA) *omahazoo.com*

160–161: Arasittich (2016) | World Bird Sanctuary, Valley Park, Missouri (USA) *worldbirdsanctuary.org*

162–163: Weißnacken-Moorantilope (2016) | Dallas Zoo, Dallas, Texas (USA) *dallaszoo.com*

164–165: Grüne Baumschleiche (2007) | San Antonio Zoo, San Antonio, Texas (USA) *sazoo.org*

166: Fingertier (2012) | Denver Zoo, Denver, Colorado (USA) *denverzoo.org*

167: Coquerel-Sifaka (2012) I Houston Zoo, Houston, Texas (USA) *houstonzoo.org*

168: Panama-Stummelfußfrosch (2008) I El Valle Amphibian Conservation Center, El Valle de Antón, Panama *amphibianrescue.org*

168: Frosch aus der Ordnung der Froschlurche (2006) I El Valle Amphibian Conservation Center, El Valle de Antón, Panama *amphibianrescue.org*

169: Laubfrosch aus der Familie der Beutelfrösche (2004) I Centro Jambatu, Quito, Ecuador *anfibiosecuador.ec*

169: Andersson-Stummelfußfrosch (2016) I Centro Jambatu, Quito, Ecuador *anfibiosecuador.ec*

169: Frosch aus der Gattung der Stummelfußfrösche (2008) I Centro Jambatu, Quito, Ecuador *anfibiosecuador.ec*

169: Laubfrosch aus der Familie der Beutelfrösche (2004) I Centro Jambatu, Quito, Ecuador *anfibiosecuador.ec*

170–171: Iberischer Luchs (2014) I Zoo de Madrid, Madrid, Spanien *zoomadrid.com*

172–173: Sperlingsvogel aus der Familie der Neuweltammern (2018) I Kissimmee Prairie Preserve State Park, Okeechobee, Florida (USA) *floridastateparks.org*

174: Vietnamesische Pfauenaugen-Sumpfschildkröte (2000) I Tennessee Aquarium, Chattanooga, Tennessee (USA) *tnaqua.org*

175: Alabama-Furchenmolch (2004) I Cincinnati Zoo, Cincinnati, Ohio (USA) *cincinnatizoo.org*

176–177: Echte Eidechse aus der Gattung der Langschwanzeidechsen (2016) I Wroclaw Zoo, Wroclaw, Polen *zoo.wroclaw.pl*

178–179: Banggai-Kardinalbarsch (2007) I Omaha's Henry Doorly Zoo and Aquarium, Omaha, Nebraska (USA) *omahazoo.com*

180: Balabac-Kantschil (2014) I Avilon Zoo, Rodriguez, Philippinen *avilonzoo.ph*

181: Unterart des Zwergflusspferds (2015) I Omaha's Henry Doorly Zoo and Aquarium, Omaha, Nebraska (USA) *omahazoo.com*

182–183: Weißer Schaufelstör (2004) I Gavins Point National Fish Hatchery, Yankton, South Dakota (USA) *fws.gov/gavinspoint*

184–185: Unterart des Java-Languren (2008) I Taman Safari, Indonesien *tamansafari.com*

186: Marianen-Fruchttaube (2016) I Houston Zoo, Houston, Texas (USA) *houstonzoo.org*

187: Panay-Borkenratte (2016) I Zoo Pilsen, Pilsen, Tschechische Republik *zooplzen.cz*

188–189: Java-Banteng (2014) I Zoo Berlin, Berlin, Deutschland *zoo-berlin.de*

190: Kamtschatka-Seeohr (2006) I Alutiiq Pride Shellfish Hatchery, Seward (USA) *alutiiqpridehatchery.com*

191: Goldkopflöwenäffchen (2008) I Dallas World Aquarium, Dallas, Texas (USA) *dwazoo.com*

192–193: Birmesische Dachschildkröte (2000) I Singapore Zoo, Singapur *zoo.com.sg*

194–195: Gemeiner Schimpanse (2016) I Singapore Zoo, Singapur *zoo.com.sg*

196–197: Kagu (2016) I Houston Zoo, Houston, Texas (USA) *houstonzoo.org*

198–199: Napoleon-Lippfisch (2004) I Dallas World Aquarium, Dallas, Texas (USA) *dwazoo.com*

200: Rothund (2015) I Budapest Zoo, Budapest, Ungarn *zoobudapest.com*

201: Numbat (2015) I Healesville Sanctuary, Healesville, Australien *zoo.org.au/healesville*

202–203: Schwarzfußiltis (2015) I Cheyenne Mountain Zoo, Colorado Springs, Colorado (USA) *cmzoo.org*

204: Schmutzgeier (2016) I Parco Natura Viva, Bussolengo, Italien *parconaturaviva.it*

204: Nasenaffe (2008) I Singapore Zoo, Singapur *zoo.com.sg*

204: China-Alligator (2017) I Fresno Chaffee Zoo, Fresno, Kalifornien (USA) *fresnochaffeezoo.org*

205: Art aus der Gattung der Seepferdchen (2016) I Omaha's Henry Doorly Zoo and Aquarium, Omaha, Nebraska (USA) *omahazoo.com*

205: Weißbauchschuppentier (2013) I Pangolin Conservation, Saint Augustine, Florida (USA) *pangolinconservation.org*

205: Ostafrikanisches Spitzmaulnashorn (2011) I Great Plains Zoo, Sioux Falls, South Dakota (USA) *greatzoo.org*

205: Axolotl (2008) I Detroit Zoo, Detroit, Michigan (USA) *detroitzoo.org*

206–207: Laos-Warzenmolch (2013) I National Mississippi River Museum and Aquarium, Dubuque, Iowa (USA) *rivermuseum.com*

208: Gebirgs-Gelbschenkelfrosch (2008) I San Diego Zoo, San Diego, Kalifornien (USA) *zoo.sandiegozoo.org*

209: Matschie-Baumkänguru (2016) I Lincoln Children's Zoo, Lincoln, Nebraska (USA) *lincolnzoo.org*

210–211: Marchs Palmlanzenotter (2012) I London Zoo, London, England *zsl.org*

212–213: Schnecke aus der Unterordnung der Landlungenschnecken (2006) I Exmoor Zoo, Exmoor, England *exmoorzoo.co.uk*

214: Vulkankaninchen (2008) I Chapultepec Zoo, Chapultepec, Mexiko *data.sedema.cdmx.gob/mx/zoo_chapultepec*

215: Calamian-Hirsch (2014) I Los Angeles Zoo, Los Angeles, Kalifornien (USA) *lazoo.org*

216–217: Tasmanischer Teufel (2008) I Australien Zoo, Beerwah, Australien *australiazoo.com.au*

218–219: Zwergchamäleon aus der Unterfamilie der Stummelschwanzchamäleons (2014) I Madagascar Exotic, Marozevo, Madagaskar

220: Germain-Langur (2008) I Angkor Centre for Conservation of Biodiversity, Siem Reap, Kambodscha *accb-cambodia.org*

221: Unterart des Südafrika-Kronenkranichs (2016) I Kansas City Zoo, Kansas City, Missouri (USA) *kansascityzoo.org*

222–223: Riesenotter (2014) I Dallas World Aquarium, Dallas, Texas (USA) *dwazoo.com*

224–225: Sakerfalke (2016) I Zoo Pilsen, Pilsen, Tschechische Republik *zooplzen.cz*

226–227: Unterart der Gila-Forelle (1996) I Mora National Fish Hatchery, Mora, New Mexico (USA) *fws.gov/southwest/fisheries/mora*

228–229: Grevyzebra (2016) I Lee G. Simmons Conservation Park and Wildlife Safari, Ashland, Nebraska (USA) *wildlifesafaripark.com*

230: Afrikanische Wildhunde (2012) I Omaha's Henry Doorly Zoo and Aquarium, Omaha, Nebraska (USA) *omahazoo.com*

231: Kapgeier (2016) I Cheyenne Mountain Zoo, Colorado Springs, Colorado (USA) *cmzoo.org*

232–233: Votsotsa (2016) I Omaha's Henry Doorly Zoo and Aquarium, Omaha, Nebraska (USA) *omahazoo.com*

234: Geoffroy-Klammeraffe (2008) I Chattanooga Zoo, Chattanooga, Tennessee (USA) *chattzoo.org*

234: Blaulappenhokko (2016) I Houston Zoo, Houston, Texas (USA) *houstonzoo.org*

234: Tigerkatze (2016) I Jaime Duque Park, Cundinamarca, Kolumbien *parquejaimeduque.com*

235: Goldwangen-Waldsänger (2018) I Fort Hood, Texas (USA)

235: Langschwanzkatze (2014) I Cincinnati Zoo, Cincinnati, Ohio (USA) *cincinnatizoo.org*

235: Goldscheitelsittich (2016) I Jurong Bird Park, Singapur *birdpark.com.sg*

235: Guatemala-Brüllaffe (2008) I Omaha's Henry Doorly Zoo and Aquarium, Omaha, Nebraska (USA) *omahazoo.com*

236: Kolumbien-Kapuzineraffe (2008) I Summit Municipal Park, Gamboa, Panama

237: Silbergibbon (2008) I Bali Safari, Bali, Indonesien *balisafarimarinepark.com*

238–239: Art aus der Familie der Flusskrebse (2010) | West Liberty, West Virginia (USA) *facebook.com/wlucrayfish*

240: Südamerikanischer Baumsteigerfrosch der Gattung Ameerega (2017) | Privatzoo

241: Schrecklicher Pfeilgiftfrosch (2016) | Rolling Hills Zoo, Salina, Kansas (USA) *rollinghillszoo.org*

242–243: Flachkopfkatze (2014) | Taiping Zoo, Taiping, Malaysia *zootaiping.gov.my*

244: Art aus der Gattung der Chamäleons (2009) | Madagascar Exotic, Marozevo, Madagaskar

245: Helmhokko (2016) | National Aviary of Colombia, Barú, Kolumbien *acopazoa.org*

246–247: Australischer Seelöwe (2016) | Taronga Zoo, Sydney, Australien *taronga.org.au*

248–249: Unterart des Ährenträgerpfaus (2018) | Houston Zoo, Houston, Texas (USA) *houstonzoo.org*

250–251: Weißnackenmangabe (2008) | Bioparco Rom, Rom, Italien *bioparco.it*

252–253: Blauer Leguan (2012) | Sedgwick County Zoo, Wichita, Kansas (USA) *scz.org*

## RISIKO

254–255: Süßwasserfisch aus der Familie der Echten Barsche (2012) | Conservation Fisheries, Knoxville, Tennessee (USA) *conservationfisheries.org*

256: Schnee-Eule (2017) | New York State Zoo, Watertown (USA) *nyszoo.org*

257: Zagros-Molch (2016) | Conservation Fisheries, Knoxville, Tennessee (USA) *conservationfisheries.org*

258–259: Eisbär (2015) | Tulsa Zoo, Tulsa, Oklahoma (USA) *tulsazoo.org*

260: Pracht-Höckerschildkröte (2010) | National Mississippi River Museum and Aquarium, Dubuque, Iowa (USA) *rivermuseum.com*

261: Südliche Riesenmuschel (1996) | Omaha's Henry Doorly Zoo and Aquarium, Omaha, Nebraska (USA) *omahazoo.com*

262–263: Frosch aus der Gattung der Madagaskar-Buntfrösche (2017) | Privatzoo

264–265: Stumpfkrokodil (1996) | Lincoln Children's Zoo, Lincoln, Nebraska (USA) *lincolnzoo.org*

266–267: Unterart der Bengalkatze (2008) | Avilon Zoo, Rodriguez, Philippinen *avilonzoo.ph*

268: Fisch aus der Familie der Karpfenfische | Aquarium Berlin, Berlin, Deutschland *aquarium-berlin.de*

269: Bengalischer Plumplori (2008) | Endangered Primate Rescue Center, Cúc Phuong National Park, Provinz Ninh Binh, Vietnam *eprc.asia*

270–271: Arabische Oryx (2016) | Phoenix Zoo, Phoenix, Arizona (USA) *phoenixzoo.org*

272–273: Fisch aus der Ordnung der Zahnkärpflinge (2012) | Conservation Fisheries, Knoxville, Tennessee (USA) *conservationfisheries.org*

274–275: Fossa (2015) | Omaha's Henry Doorly Zoo and Aquarium, Omaha, Nebraska (USA) *omahazoo.com*

276: Schmetterling aus der Familie der Dickkopffalter (1996) | Minnesota Zoo, Apple Valley, Minnesota (USA) *mnzoo.org*

277: Grays Waran (2007) | Los Angeles Zoo, Los Angeles, Kalifornien (USA) *lazoo.org*

278: Runzelhornvogel (2018) | Houston Zoo, Houston, Texas (USA) *houstonzoo.org*

278: Feuerrückenfasan (2016) | Houston Zoo, Houston, Texas (USA) *houstonzoo.org*

278: Unterart des Goodfellow-Baumkängurus (2014) | Melbourne Zoo, Melbourne, Australien *zoo.org.au/melbourne*

279: Müller-Gibbon (2008) | Miller Park Zoo, Bloomington, Illinois (USA) *mpzs.org*

279: Malaien-Hornvogel (2018) | Jurong Bird Park, Singapur *birdpark.com.sg*

279: Unterart des Bartschweins (2016) | Gladys Porter Zoo, Brownsville, Texas (USA) *gpz.org*

279: Schildschnabel (2018) | Penang Bird Park, Perai, Malaysia *penangbirdpark.com.my*

280–281: Afrikanischer Elefant (2008) | Cheyenne Mountain Zoo, Colorado Springs, Colorado (USA) *cmzoo.org*

282–283: Jamaika-Boa (1996) | Privatzoo

284–285: Schweinsdachs (2015) | Night Safari, Singapur *nightsafari.com.sg*

286: Nubischer Steinbock (2008) | Dallas Zoo, Dallas, Texas (USA) *dallaszoo.com*

287: Nacktschnabelhäher (2016) | University of Nebraska-Lincoln, Lincoln, Nebraska (USA) *unl.edu*

288–289: Sarasins Gecko (2010) | Saint Louis Zoo, St. Louis, Missouri (USA) *stlzoo.org*

290: Nancy-Ma-Nachtaffe (2017) | Dallas World Aquarium, Dallas, Texas (USA) *dwazoo.com*

291: Sulawesi-Hirscheber (2016) | Los Angeles Zoo, Los Angeles, Kalifornien (USA) *lazoo.org*

292–293: Riesengürteltier (2019) | Zoológico de Brasília, Candangolândia, Brasilien *zoo.df.gov.br*

294–295: Schwarzkopftragopan (2016) | Himalayan Nature Park, Kufri, Indien *hnpzookufri.org*

296–297: Mallorca-Geburtshelferkröte (2008) | London Zoo, London, England *zsl.org*

298–299: Indisches Panzernashorn (2008) | Fort Worth Zoo, Fort Worth, Texas (USA) *fortworthzoo.org*

300–301: Aquamarin-Regenbogenfisch (1996) | Newport Aquarium, Newport, Kentucky (USA) *newportaquarium.com*

302–303: Schmetterling aus der Familie der Edelfalter | Minnesota Zoo, Apple Valley, Minnesota (USA) *mnzoo.org*

304–305: Großer Ameisenbär (2013) | Caldwell Zoo, Tyler, Texas (USA) *caldwellzoo.org*

306: Südlicher Felsenpinguin (2018) | Omaha's Henry Doorly Zoo and Aquarium, Omaha, Nebraska (USA) *omahazoo.com*

307: Okaritokiwi (2017) | West Coast Wildlife Centre, Franz Josef, Neuseeland *wildkiwi.co.nz*

308–309: Großer Panda (2016) | Zoo Atlanta, Atlanta, Georgia (USA) *zooatlanta.org*

310–311: Frosch aus der Familie der Glasfrösche (2008) | Balsa de los Sapos, Catholic University, Quito, Ecuador *bioweb.puce.edu.ec*

312: Mexikanische Hautwühle (2008) | Tennessee Aquarium, Chattanooga, Tennessee (USA) *tnaqua.org*

313: Gelbes Ästuarenseepferdchen (2012) | Children's Aquarium, Dallas, Texas (USA) *childrensaquariumfairpark.com*

314–315: Großer Kaninchennasenbeutler (2015) | Dreamworld, Coomera, Australien *dreamworld.com.au*

316–317: Sunda-Gavial (2011) | San Antonio Zoo, San Antonio, Texas (USA) *sazoo.org*

318–319: Koala (2014) | Australien Zoo, Beerwah, Australien *australiazoo.com.au*

320: Doppelkamm-Beutelmaus (2008) | Zoo Pilsen, Pilsen, Tschechische Republik *zooplzen.cz*

321: Südl. Neuguinea-Filander (2015) | Zoo Pilsen, Pilsen, Tschechische Republik *zooplzen.cz*

322–323: Großes Präriehuhn (2016) | San Antonio Zoo, San Antonio, Texas (USA) *sazoo.org*

324: Plüschkopfente (2018) | Cincinnati Zoo, Cincinnati, Ohio (USA) *cincinnatizoo.org*

324: Schwertwal (2017) | SeaWorld, Orlando, Florida (USA) *seaworld.com/orlando*

324: Papageitaucher (2018) | National Aquarium, Baltimore, Maryland (USA) *aqua.org*

325: Largha-Robbe (2015) | Alaska SeaLife Center, Seward, Alaska (USA) *alaskasealife.org*

325: Pazifisches Walross (2014) | Ocean Park Hong Kong, Aberdeen, Hongkong *oceanpark.com.hk*

325: Polarfuchs (2014) | Great Bend-Brit Spaugh Zoo, Great Bend, Kansas (USA) *greatbendks.net/84/zoo*

325: Ren (2015) | Miller Park Zoo, Bloomington, Illinois (USA) *mpzs.org*

326–327: Andenflamingo (2016) I Zoo Berlin, Berlin, Deutschland *zoo-berlin.de*

328: Arkal (2008) I Berlin Tierpark, Berlin, Deutschland *tierpark-berlin.de*

329: Unterart des Philippinenhirschs (2014) I Crocolandia Foundation, Talisay City, Philippinen *crocolandia.weebly.com*

330–331: Unterart der Küstenmaus (2016) I Kissimmee Prairie Preserve State Park, Okeechobee, Florida (USA) *floridastateparks.org*

332–333: Philippinische Segelechse (2007) I Omaha's Henry Doorly Zoo and Aquarium, Omaha, Nebraska (USA) *omahazoo.com*

334–335: Blaufußgarnele (2011) I Shrimp Fever, Scarborough, Kanada *shrimpfever.com*

336–337: Flusspferd (2016) I San Antonio Zoo, San Antonio, Texas (USA) *sazoo.org*

338: Kragenbär (2016) I Kamla Nehru Zoological Garden, Kankaria, Indien *ahmedabadzoo.in*

339: Binturong (2016) I Great Bend-Brit Spaugh Zoo, Great Bend, Kansas (USA) *greatbendks.net/84/zoo*

340–341: Weißbrusttukan (2016) I Jaime Duque Park, Cundinamarca, Kolumbien *parquejaimeduque.com*

340–341: Dottertukan (2016) I Jaime Duque Park, Cundinamarca, Kolumbien *parquejaimeduque.com*

342–343: Hinterindischer Gaur (2016) I Phnom Tamao Wildlife Rescue Center, Tro Pang Sap, Kambodscha *wildlifealliance.org/wildlife-phnom-tamao*

344: Graukopf-Flughund (2008) I Australian Bat Clinic, Advancetown, Australien *australianbatclinic.com.au*

345: Mandrill (2008) I Gladys Porter Zoo, Brownsville, Texas (USA) *gpz.org*

346–347: Tasmanischer Langnasenbeutler (2014) I Healesville Sanctuary, Healesville, Australien *zoo.org.au/healesville*

348–349: Fisch aus der Gattung der Springbarsche (2011) I Conservation Fisheries, Knoxville, Tennessee (USA) *conservationfisheries.org*

350: Insekt aus der Familie der Weta (1996) I Zealandia, Wellington, Neuseeland *visitzealandia.com*

351: Lederschildkröte (2013) I Bioko, Äquatorialguinea

352–353: Hornsittich (2016) I Loro Parque Foundation, Punta Brava, Spanien *loroparque-fundacion.org*

354–355: Schneeleopard (2016) I Miller Park Zoo, Bloomington, Illinois (USA) *mpzs.org*

356: Schwarzer Haubenlangur (2008) I Taman Safari, Indonesien *tamansafari.com*

357: Dianameerkatze (2008) I Omaha's Henry Doorly Zoo and Aquarium, Omaha, Nebraska (USA) *omahazoo.com*

358–359: Glattnackenrapp (2016) I Houston Zoo, Houston, Texas (USA) *houstonzoo.org*

360: Afrikanische Goldkatze (2014) I Park Assango, Libreville, Gabun *facebook.com/parcassango.animalsworld*

360: Zwergflamingo (2018) I Cleveland Metroparks Zoo, Cleveland, Ohio (USA) *clevelandmetroparks.com/zoo*

360: Kongopfau (2016) I Saint Louis Zoo, St. Louis, Missouri (USA) *stlzoo.org*

361: Bonobo (2016) I Columbus Zoo, Columbus, Ohio (USA) *columbuszoo.org*

361: Klunkerkranich (2018) I Omaha's Henry Doorly Zoo and Aquarium, Omaha, Nebraska (USA) *omahazoo.com*

361: Westafrikanisches Panzerkrokodil (2013) I Privatzoo

361: Okapi (2015) I White Oak Conservation Center, Cincinnati, Ohio (USA) *whiteoakwildlife.org*

362: Waldschildkröte (1996) I Kansas City Zoo, Kansas City, Missouri (USA) *kansascityzoo.org*

363: Steinkoralle der Gattung Turbinaria (2008) I Akron Zoo, Akron, Ohio (USA) *akronzoo.org*

364–365: Fledermaus aus der Gattung der Bulldoggfledermäuse (2015) I Privatzoo

366: Brillenkakadu (2018) I Jurong Bird Park, Singapur *birdpark.com.sg*

367: Unterart der Galapagos-Riesenschildkröte (2015) I Oklahoma City Zoo, Oklahoma City, Oklahoma (USA) *okczoo.org*

368–369: Sunda-Koboldmaki (2008) I Taman Safari, South Jakarta, Indonesien *tamansafari.com*

370–371: Afrikanischer Leopard (2015) I Alabama Gulf Coast Zoo, Gulf Shores, Alabama (USA) *alabamagulfcoastzoo.org*

372: Brillenbär (2016) I Jaime Duque Park, Cundinamarca, Kolumbien *parquejaimeduque.com*

373: Silberner Wollaffe (2008) I Piscilago Zoo, Bogotá, Kolumbien *piscilago.co/zoologico*

374–375: Massai-Giraffe (2016) I Houston Zoo, Houston, Texas (USA) *houstonzoo.org*

376–377: Indische Sternschildkröten (2015) I Taronga Zoo, Sydney, Australien *taronga.org.au*

378–379: Pazifischer Schmuckhornfrosch (2018) I Centro Jambatu, Quito, Ecuador *anfibiosecuador.ec*

380–381: Scheckente (2018) I Alaska SeaLife Center, Seward, Alaska (USA) *alaskasealife.org*

382–383: Nebelparder (2016) I Houston Zoo, Houston, Texas (USA) *houstonzoo.org*

384: Eigentlicher Gundi (2015) I Budapest Zoo & Botanical Garden, Budapest, Ungarn *zoobudapest.com/en*

385: Douglaswachtel (2018) I Omaha's Henry Doorly Zoo and Aquarium, Omaha, Nebraska (USA) *omahazoo.com*

387: Bonobo (2016) I Ape Cognition and Conservation Initiative, Des Moines, Iowa (USA) *apeinitiative.org*

398: Unterart des Sumatra-Nashorns (2008) I Cincinnati Zoo, Cincinnati, Ohio (USA) *cincinnatizoo.org*

# IMPRESSUM

Verantwortlich: Susanne Caesar
Übersetzung: Dr. Ulrike Kretschmer
Lektorat & Satz: Annika Genning, Text-Genuss
Korrektorat: Susanne Langer-Joffroy
Umschlaggestaltung: Nina Andritzky
Repro: LUDWIG:media
Herstellung: Anna Katavic
Printed in Italy by Printer Trento

Titel der Originalausgabe: »The photo ark vanishing : the world's most vulnerable animals«


★★★★★

Sind Sie mit diesem Titel zufrieden? Dann würden wir uns über Ihre Weiterempfehlung freuen. Erzählen Sie es im Freundeskreis, berichten Sie Ihrem Buchhändler, oder bewerten Sie bei Onlinekauf. Und wenn Sie Kritik, Korrekturen, Aktualisierungen haben, freuen wir uns über Ihre Nachricht an: NG Buchverlag, Postfach 40 02 09, D-80702 München oder per E-Mail an info@nationalgeographic-buch.de.

Unser komplettes Buchprogramm finden Sie unter:

www.nationalgeographic-buch.de



Die Deutsche Nationalbibliothek verzeichnet diese Publikation in der Deutschen Nationalbibliografie; detaillierte bibliografische Daten sind im Internet über http://dnb.d-nb.de abrufbar.


ISBN 978-3-86690-699-0

Seit ihrer Gründung 1888 hat sich die National Geographic Society weltweit an mehr als 13 000 Expeditionen, Forschungs- und Schutzprojekten beteiligt. Die Gesellschaft erhält Fördermittel von National Geographic Partners LLC, unterstützt unter anderem durch Ihren Kauf. Ein Teil der Einnahmen dieses Buches hilft uns bei der lebenswichtigen Arbeit zur Bewahrung unserer Welt.
Das legendäre Magzin NATIONAL GEOGRAPHIC erscheint monatlich. Darin veröffentlichen namhafte Fotografen ihre Bilder und renommierte Autoren berichten aus nahezu allen Wissensgebieten der Welt. National Geographic im TV ist ein Premium Dokumentations-Sender, der ein informatives Programm rund um die Themen Wissenschaft, Technik, Geschichte und Weltkulturen bereithält. Falls Sie mehr über National Geographic wissen wollen, besuchen Sie unsere Website: www.nationalgeographic.de.

Unterart des Sumatra-Nashorns,
*Dicerorhinus sumatrensis sumatrensis*
(vom Aussterben bedroht)

Mehr Informationen auf den Seiten 120–121

## EBENFALLS ERHÄLTLICH …

ISBN 978-3-86690-473-6

ISBN 978-3-86690-665-5

ISBN 978-3-86690-691-4

## DIE NATIONAL GEOGRAPHIC SOCIETY HAT SICH SELBST ZUM ZIEL GESETZT, DASS SIE BIS 2030 ZUM SCHUTZ VON 30 PROZENT UNSERES PLANETEN BEITRÄGT.

DAS PROJEKT PHOTO ARK ist ein wichtiger Bestandteil der Arbeit der National Geographic Society: Es wirft ein Schlaglicht auf bedrohte Spezies und Lebensräume weltweit.

Allein in den vergangenen 50 Jahren haben wir mehr als 60 Prozent aller Tierpopulationen verloren, und auch die natürlichen Lebensräume schwinden in alarmierender, beispielloser Geschwindigkeit. Um ein globales Massenaussterben zu verhindern, müssen wir mindestens die Hälfte der Erde in ihrem ursprünglichen Zustand erhalten.

Deshalb hat es sich die National Geographic Society zum Ziel gesetzt, bis zum Jahr 2030 zum Schutz von 30 Prozent unseres gesamten Planeten beizutragen. Zu diesem Zweck ist die Gesellschaft eine Partnerschaft mit der Wyss Campaign for Nature eingegangen; gemeinsam wollen sie das Bewusstsein dafür schärfen, wie ungeheuer wichtig es ist, die Natur zu schützen und so Mensch und Tier das Gedeihen zu ermöglichen.

Wenn wir Hand in Hand arbeiten, können wir diese Orte – und die Arten, die auf sie angewiesen sind – schützen, bevor es zu spät ist.

NATIONAL GEOGRAPHIC SOCIETY ist eine ergebnisorientierte, globale gemeinnützige Organisation mit Hauptsitz in Washington, D.C. Seit 1888 beteiligt sie sich an bahnbrechenden Expeditionen und investiert in kühne Menschen mit revolutionären Ideen, um das Verständnis unserer Welt zu fördern und Lösungen zu entwickeln, die auch nachfolgenden Generationen eine gesunde, nachhaltige Zukunft sicherstellen. Unsere ultimative Vision ist ein Planet im Gleichgewicht. Mehr unter www.nationalgeographic.org.

NATIONAL GEOGRAPHIC

PHOTO ARK

JOEL SARTORE